高等职业教育水利类"十三五"系列教材

水 电 站

主 编 刘幼凡
主 审 杨正策

中国水利水电出版社
www.waterpub.com.cn
· 北京 ·

内 容 提 要

本书是为水利水电工程建筑专业水电站课程而编写的教学用书，内容包括水力发电基础知识、水电站动力设备、水电站进水口及引水系统、水电站平压建筑物、压力水管与水击、水电站厂房6个项目。

本书根据最新修订的有关规程规范和技术标准，采用全新体例，并运用AR技术采用立体教材方式编写。每个项目均有项目内容、学习重点、学习要求和课后任务供读者学习和练习。本书可作为水电工程建设、管理类各专业职业资格考试的培训教材，也可供一般工程技术人员参考使用。

本书配有电子课件，读者可以扫描封底二维码获取。

图书在版编目（CIP）数据

水电站 / 刘幼凡主编. -- 北京 : 中国水利水电出版社, 2019.1(2025.1重印).
高等职业教育水利类“十三五”系列教材
ISBN 978-7-5170-7322-2

Ⅰ. ①水… Ⅱ. ①刘… Ⅲ. ①水力发电站—高等职业教育—教材 Ⅳ. ①TV7

中国版本图书馆CIP数据核字(2019)第007650号

书　　名	高等职业教育水利类“十三五”系列教材 **水电站** SHUIDIANZHAN
作　　者	主编　刘幼凡 主审　杨正策
出版发行	中国水利水电出版社 （北京市海淀区玉渊潭南路1号D座　100038） 网址：www.waterpub.com.cn E-mail：sales@mwr.gov.cn 电话：(010) 68545888（营销中心）
经　　售	北京科水图书销售有限公司 电话：(010) 68545874、63202643 全国各地新华书店和相关出版物销售网点
排　　版	中国水利水电出版社微机排版中心
印　　刷	清淞永业（天津）印刷有限公司
规　　格	184mm×260mm　16开本　8.75印张　218千字
版　　次	2019年1月第1版　2025年1月第4次印刷
印　　数	7001—10000册
定　　价	**33.00**元

前言
PREFACE

水是生命之源、生产之要、生态之基。水能是目前世界上开发技术最成熟、清洁、低碳、可再生的非化石能源。由于水能开发优点突出，世界各国都把开发水能放在能源发展战略的优先地位。我国水能资源丰富，水力发电也是我国目前生产电能的主要方式之一。因此，学习掌握水力发电知识，科学合理开发水能资源，非常有必要。

“水电站”是水利水电工程类专业的必修专业核心课，是一门专业性、实用性很强的课程。本书以水利水电工程类专业的职业标准、教学标准和相关规程规范为依据，结合“水利水电工程”专业群教学实践经验，以培养面向水利行业生产一线、从事水电工程建设和运行管理岗位的高素质技术技能型人才为目标，在充分吸收行业、企业和水利电力院校领导、专家意见的基础上进行编写，以能力和素质培养为主线，使学生掌握必备的理论知识，学会工作岗位所需的专业技能。为增加学习的直观性，本书制作二维动画 15 个，三维动画 25 个。读者只需扫描书中相应图形下方二维码，即可学习。

本书由贵州水利水电职业技术学院刘幼凡编写，杨正策主审，刘雅梅、唐恒、李小丽、黄映、谢良平、谢洋负责立体教材视频脚本的编写。

本书在编写过程中，引用了相关的规范、专业文献和资料参考了部分兄弟院校所编教材，在此对有关作者表示感谢，并对所有热情支持和帮助本书编写工作的人员表示感谢。

书中难免存在缺点和疏漏，恳请广大读者批评指正。

编者

2018 年 10 月

目录
CONTENTS

项目1　水力发电基础知识

学习提示

项目内容： 本课程的内容及任务，水能资源的基本概念，水能利用历史及我国水电建设概况，水力发电原理及特点，水电站类型及组成建筑物，水电站厂房类型。

学习重点： 水力发电原理及特点，水电站类型及组成建筑物。

学习要求： 掌握水能资源基本概念，了解水能利用历史及我国水电建设概况，掌握水力发电原理及特点、水电站类型及组成建筑物以及水电站的基本类型、特点及适用情况。

任务1　理解本课程的内容及任务

一、本课程的性质和任务

水电站是水利水电工程专业的一门专业核心课。通过本课程的学习，使学生获得有关水电站动力设备和水电站建筑物的基本理论、基本知识与基本技能，训练和培养学生综合思维方法，分析问题和解决问题的能力，为今后从事水利水电工程设计、施工、管理等工作打下基础。

二、本课程与其他课程的联系和分工

本课程涉及的主要技术基础课有水利工程识图与绘图、工程力学、水力分析与计算、水利水电规划、水利工程地质、土力学和建筑结构等。本课程中的水力计算是在水力学知识的基础上讲授的；各种建筑物的结构设计，本课程只讲授荷载组合情况，其中涉及的土压力、水压力、水力计算、结构设计等方面的内容分别在土力学、水力分析与计算、材料力学和建筑结构中讲授，应注意有关内容的衔接。隧洞、渠道及渠系建筑物等内容在水工建筑物课程中讲授，本课程中只简单介绍水电站对这些建筑物的特殊要求。

三、课程特点

本课程是一门综合性、实践性很强的专业课程。水电站是水、机、电的综合体，其内容繁杂、涉及面广、系统性差。由于水利工程边界条件的复杂性，多数公式是在做了许多基本假定和简化处理后推导出来的，因此纯理论公式少，经验公式较多，要求学生灵活运用。

水电站建筑物空间结构复杂，尤其是厂房建筑物，层次多、设备及管道线路复杂，要求学生要有很强的立体和空间想象能力。

四、教学总体要求

（1）理解和掌握水电站组成建筑物及其功用、型式、设计原则及确定建筑物的尺寸。

（2）了解各种建筑物的基本要求、各种建筑物特别是厂房中各种设备的作用及它们与建筑物的相互关系。

(3) 正确理解和掌握各种建筑物的水力计算条件和原理，了解水电站非恒定流及机组过渡过程的基本知识，并了解调节保证计算方法。

(4) 了解各种建筑物的受力条件及结构设计原理。

(5) 具有设计各种水电站建筑物的初步能力。

五、教学内容

本课程主要包括水力发电基础知识，水电站动力设备，水电站的类型及组成建筑物，进水口及引水建筑物的布置设计，压力水管的布置及结构分析，水电站调节保证计算，调压室布置及水力计算原理，水电站厂房布置设计等内容。

1. 水力发电基础知识（6 学时）

2. 水电站动力设备（10 学时）

(1) 水流能量转换为机械能的设备。

(2) 主要内容：基本类型、构造、工作原理、合理选型。

3. 水电站进水口及引水系统（8 学时）

(1) 进水口。

(2) 动力渠道。

(3) 有压隧洞。

4. 水电站平压建筑物（6 学时）

(1) 压力前池。

(2) 调压室。

5. 压力水管与水击（16 学时）

(1) 压力水管的功用、类型、线路选择、供水方式。

(2) 压力水管的水力计算与尺寸拟定。

(3) 明钢管的构造、敷设方式和支撑结构。

(4) 分岔管类型、特点及适用情况。

(5) 水击及调节保证计算。

6. 水电站厂房（22 学时）

(1) 厂房的作用与组成。

(2) 厂房的布置与轮廓尺寸：主、副厂房的尺寸确定、主要机电设备的布置。

(3) 厂房的采光、通风、防潮及交通。

(4) 厂区枢纽布置：主厂房、副厂房、变压器、开关站及交通道路相互位置的安排。

(5) 厂房的结构特点。

任务2　掌握水能资源的基本概念

(1) 水能资源。以位能、压能和动能等形式存在于水体中的能量资源，也称水力资源。广义的水能资源包括河流水能、潮汐水能、波浪能和海洋热能资源等；狭义的水能资源指江河水能资源。在自然状态下，水能资源的能量消耗于克服水流阻力，冲刷河床、海岸，搬运泥沙和漂浮物等，采取一定的工程技术措施后，可将水能转变为电能，为人类的生产发展和生活需求提供动力，如图 1-1 所示为水能利用的实例。

（2）水能资源理论蕴藏量。河流多年平均流量和全部落差经逐段计算的水能资源理论平均出力。一个国家水能资源蕴藏量之大小，与其国土面积、河川径流量和地形高差有关。

（3）技术可开发水能资源。即按当前技术水平可开发利用的水能资源。实际上河流和海湾由于工程技术条件或其他自然、社会条件的限制，理论水能资源不可能全部被利用，而且在能量转换过程中，无论是转变为机械能还是电能，都会有一定的损失，因此技术上可开发的水能资源要比理论水能资源小。由于技术可开发水能资源随技术水平和社会、环境等条件的发展而变化，故技术可开发水能资源的数值也随时间变化而有所变化。

图1-1　水能利用

（4）经济可利用水能资源。在技术可开发水能资源的基础上，根据造价、淹没损失、输电距离等条件，挑选技术上可行、经济上合理的水电站进行统计，即得出经济可利用的水能资源。计算时，一般根据河流或流域所在地区的经济发展的要求，并与其他能源发电分析比较后，对认为经济上有利的可开发水电站，按其装机容量或多年平均年发电量进行累加统计。经济可开发水电站是从技术可开发水电站群中筛选出来的，故经济可利用水能资源数值小于技术可开发水能资源。经济可利用水能资源与当地社会经济发展情况有关，故其数量不断有所调整。

（5）水电站。将水能转换为电能的综合工程设施，又称水电厂。它包括为利用水能生产电能而兴建的一系列水电站建筑物及各种水电站设备。有些水电站除发电所需的建筑物外，还常有为防洪、灌溉、供水、航运、过木、过鱼等综合利用目的服务的其他建筑物。这些建筑物的综合体称为水电站枢纽或水利枢纽。

任务3　了解我国水能资源发展概况

一、水能利用历史

人类利用水能的历史很久，我国是世界上利用水能最早的国家之一，东汉时期就制造了木制水轮，让水流冲击水轮转动，用来吸水、磨粉、碾谷。

1878年法国建成世界第一座水电站——沿革水电站。20世纪30年代后，水电站的数量和装机容量均有很大发展。20世纪世界装机容量最大的水电站是巴西和巴拉圭合建的伊泰普水电站，装机容量1260万kW。世界第一座抽水蓄能电站是瑞士于1879年建成的勒顿抽水蓄能电站。世界装机容量最大的抽水蓄能电站是广州抽水蓄能电站，总装机容量240万kW。世界第一座潮汐电站于1913年建于德国北海之滨。最大的潮汐电站是法国建于圣玛珞湾的朗斯潮汐电站，装机容量24万kW。日本在1978年建成的海明号波浪发电试验船则是世界上第一座大型波能发电站。

我国大陆最早建成的水电站是云南省昆明市郊的石龙坝水电站（1912年）；2008年竣工的长江三峡水电站装机容量2250万kW，是目前世界上装机容量最大的水电站。

二、我国水能资源特点

1. 我国水能资源丰富

我国幅员辽阔，江河纵横，湖泊众多，蕴藏着巨大的水能资源，且水电开发建设的自然条件优越。根据2011年我国水能资源普查结果，我国水能资源技术可开发量为5.4亿kW，年发电量为2.5万亿kW·h；经济可开发量为4亿kW，年发电量为1.75万亿kW·h。目前，我国水电开发容量已达到技术可开发量的52%左右，发电量占到技术可能量的40%左右。水电总装机容量和发电量已稳居世界第一位，其次为俄罗斯、巴西和加拿大。当然也应清醒地认识到，我国水能资源总量虽然十分丰富，但人均资源占有量并不富裕。以电量计，我国可开发的水电资源约占世界总量的15%，但人均资源量只有世界均值的70%左右，并不富裕。

2. 我国水能资源在地区和时间上分布不均

我国的水能资源集中在经济相对滞后的西部，尤其是西南地区，云、贵、川、渝、陕、甘、宁、青、新、藏等10个省（自治区、直辖市）的水能资源占67.8%，其中西南的云、川、藏三省（自治区）就占全国总资源量的60%，而经济发达的东部13个省及直辖市（辽、吉、黑、京、津、冀、鲁、苏、浙、皖、沪、粤、闽）仅占7%左右，见表1-1。

表1-1　我国水能资源经济开发量最丰富的地区

序号	地区	理论蕴藏量/MW	技术可开发量/MW	经济可开发量/MW	已、正开发量/MW	开发程度/%
1	四川	143514.7	120040.0	103270.7	16301.2	13.6
2	云南	104386.0	101939.1	97950.4	11257.6	11.0
3	湖北	17204.5	35540.5	35355.9	31475.4	88.6
4	贵州	18086.4	19487.9	18980.7	10189.8	52.3
5	广西	17641.2	18913.8	18575.0	12333.7	65.2
6	新疆	38178.7	16564.9	15670.5	1706.7	10.3
7	青海	21873.8	23140.0	15479.1	5082.8	22.0
8	西藏	201358.2	110004.4	8350.4	456.5	0.4
9	重庆	22964.3	9808.4	8195.9	1556.7	15.9
	全国	6944400.0	541640.0	401795.0	130980.0	24.2

我国是世界上季风最显著的国家之一，冬季多由北部西伯利亚和蒙古高原的干冷气流控制，干旱少水，夏季则受东南太平洋和印度洋的暖湿气流控制，高温多雨。受季风影响，降水时间和降水量在年内高度集中，一般雨季2～4个月的降水量能达到全年的60%～80%。降水量年际间的变化也很大，年径流最大值与最小值相比，长江、珠江、松花江为2～3倍，淮河达15倍，海河更达20倍之多。这些不利的自然条件，要求设计师在水电规划和建设中必须考虑年内和年际的水量调节，根据情况优先建设具有年调节和多年调节水库的水电站，以提高水电的供电质量，保证系统的整体效益。

3. 大型水电站所占的比重较大

我国规模大于200万kW的水电站水能资源量占50%，如已建成的位于雅砻江上的二滩电站总装机容量330万kW；长江三峡工程的装机容量为2250万kW，多年平均年发电量1000亿kW·h；位于四川雷渡县和云南永善县交界处的溪洛渡水电站，装机容量1260万kW；位于雅鲁藏布江的墨脱水电站，经勘察研究，计划开凿35km长的隧洞，引水2000m^3/s以上，落差可超过 2000m，其装机容量可达 5000 万 kW，多年平均年发电量 3000 亿 kW·h。

建设大型电站，因其水头高、单机容量大，将带来很多技术难题，且淹没损失大，移民数量多，这些问题在人口较密的地区显得尤为突出。

三、我国水电建设发展概况

我国水能资源虽然丰富，但在中华人民共和国成立前，水电建设几乎是空白，1912 年在云南昆明建成了我国大陆第一座水电站——石龙坝水电站，装机容量仅为 480kW，如图 1－2 所示。之后的几十年，由于旧中国的贫穷落后，我国的水电几乎没有得到什么进展，到 1949 年，全国的水电装机容量仅为 16.3 万 kW。

图 1－2　石龙坝水电站

新中国成立后，特别是改革开放 30 多年来，我国的水电建设取得了辉煌的成就，设计和建造了一大批具有世界先进技术水平的大中型水电站。装机容量 66 万 kW 的新安江水电站建于 20 世纪 50 年代末期，仅用 3 年时间就建成；在长江中游修建的葛洲坝水电站，装机容量达 271.5 万 kW；贵州乌江渡水电站的建成，为岩溶发育地区修建大型水电站开创了先例；在海拔 2600m 以上、地质条件极为复杂的青海高原，建造了坝高 178m、总库容为 247 亿 m^3 的龙羊峡大坝；在湖南耒水建造了拱坝高达 157m 的东江水电站；在四川雅砻江上建造了装机容量 338 万 kW、坝高 240m 的二滩水电站；在长江干流建造了装机容量为 2250 万 kW、目前世界最大水电站三峡电站；在四川省雷波县和云南省永善县交界的金沙江下游河段，建造了装机容量 1386 万 kW 的溪洛渡电站。除常规水电站外，我国抽水蓄能电站的建设也取得了很大的成绩：广州抽水蓄能电站总装机容量 240 万 kW，是我国第一，也是目前世界上最大的抽水蓄能电站，该电站总装机 8 台，采用 30 万 kW 容量可逆式高参数抽水蓄能机组，设计水头 535m。

改革开放 40 年，中国水电发生了翻天覆地的变化。仅从数据上看：我国水电装机从 1977 年的 1576.5 万 kW、发电量 476.5 亿 kW·h，增长到 2017 年底的 3.4 亿 kW、发电量 11898 亿 kW·h。

我国水电这种连续 40 年的高速增长，在全世界范围内绝无仅有。截至 2017 年底，全球的水电总装机也只有 12.67 亿 kW，其中含抽水蓄能 1.53 亿 kW，水电发电总量 4.185 万亿 kW·h。从这些数字可见，我国的水电装机和发电量均超过了全球的 1/4，分别占到了全球总量的 27％和 28％。

位于云南省昭通市巧家县和四川省凉山彝族自治州宁南县交界处的金沙江干流下游河段上的白鹤滩水电站，总装机规模达 1600 万 kW，多年平均发电量 602.4 亿 kW·h。工程首次全部采用国产的百万千瓦级水轮发电机组，单机容量居世界第一，是仅次于三峡工程的世界第二大水电站和全球在建装机规模第一大水电站。电站计划 2018 年首批机组发电，2022 年工程完工。

在四川和云南的交界处，我国的又一超级水电工程正在建设中，它就是乌东德水电站，总装机规模达 1020 万 kW，年发电量 389.1 亿 kW·h。乌东德水电站大坝为混凝土双曲拱坝，最大坝高 270m，坝顶上游面弧长 326.95m，厚高比仅为 0.19，是目前世界上最薄的

300m级特高拱坝，电站计划2020年发电。

尽管如此，我们也应认识到，我国当前水能资源的开发率仍然相对较低，而世界发达国家水能资源的开发率多已超过60%，如美国约82%，日本约84%，加拿大约65%，德国约73%，法国、挪威、瑞士也均在80%以上。世界已建大型水电站见表1-2。

表1-2 世界已建大型水电站

序号	名称	国家	河流地点	建设时间	装机/万kW	发电量/(kW·h)	坝高/m	总库容/亿m^3
1	三峡	中国	长江	2003—2008年	2250	828.27	181	393
2	伊泰普	巴西 巴拉圭	巴拉那河	1984—1991年	1400	986	196	290
3	溪洛渡	中国	金沙江	2013—2014年	1386	571	285.5	128
4	古里	委内瑞拉	卡罗尼河	1968—1984年	1023	534	162	1350
5	图库鲁伊	巴西	托坎廷斯河	1984—2002年	837	414	78	450
6	向家坝	中国	金沙江	2012—2014年	775	184	162	51
7	大古力	美国	哥伦比亚河	1941—1980年	681	248	168	120
8	萨扬舒申斯克	俄罗斯	叶尼塞河	1978—1985年	640	268	245.5	313
9	龙滩	中国	红水河	2007—2008年	630	187	216.2	273
10	克拉斯诺雅尔斯克	俄罗斯	叶尼塞河	1967—1972年	600	204	124	733
11	糯扎渡	中国	澜沧江	2012—2014年	585	239	261.5	237

我国水电开发利用程度在各流域、各省区之间也不尽相同，总的来讲，东部开发利用程度最高，中部次之，西部最低。各省区开发率差别很大，东、中部经济发达省份远高于西部省份，河南、辽宁、吉林、福建、安徽、北京、天津、河北、湖北和海南等省市都在50%以上，而西藏、云南、四川等水能资源较多的省区开发率则大都很低。

任务4 理解水力发电原理及特点

一、水力发电原理

众所周知，电是人们生活和生产不可缺少的能源，特别是在现代社会，没有电就不可能有经济的高速发展，也就没有现代社会的文明，也就没有电灯、电脑、电视……电能一般都是由各种原动机带动发电机产生的。根据能量守恒原理，发电必须有其他形式的能量作为"原料"，连续不断地输送到原动机中去。随着"原料"的不同，发电的方式也就不同。

水力发电，就是利用河流、湖泊等位置高处具有势能的水流来冲动水轮机，将水能转换成旋转机械能，再通过水轮机推动发电机生产电能。水力发电是以水能为"原料"，以电能为产品，是目前我国生产电力的主要方式之一。

如图1-3所示，高位水池1中的水体，具有较高的势能，当水池中的水由压力水管2流过安装在水电站厂房3内的水轮机4而排至水电站下游的尾水渠6时，水流冲击水轮机的转轮旋转，使水能转换为旋转的机械能，水轮机转轮又带动发电机5的转子旋转，在发电机的定子绕组上产生感应电势，当其和外电路接通后，便产生了电流，发电机就向外供电了。这就是水能转换为机械能再转换为电能的全过程。

水电站，就是将水能转换为电能的综合工程设施，一般包括由挡水、泄水建筑物形成的水库和水电站引水系统、发电厂房、机电设备等。

水能转换为电能的过程用框图（图1-4）综合表达。

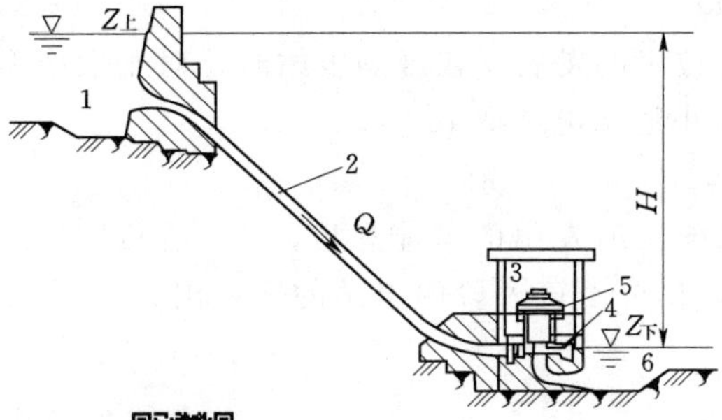

图1-3　水电站示意图

1—水池；2—压力水管；3—水电站厂房；4—水轮机；5—发电机；6—尾水渠

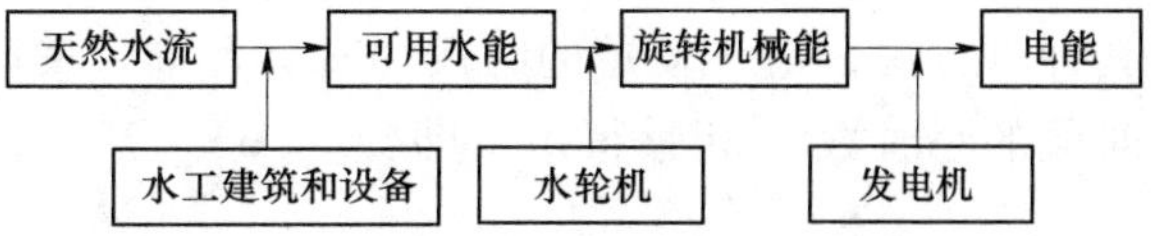

图1-4　水能转换为电能过程框图

为科学合理开发河流的水能资源，往往采用梯级开发的方式，如图1-5所示。

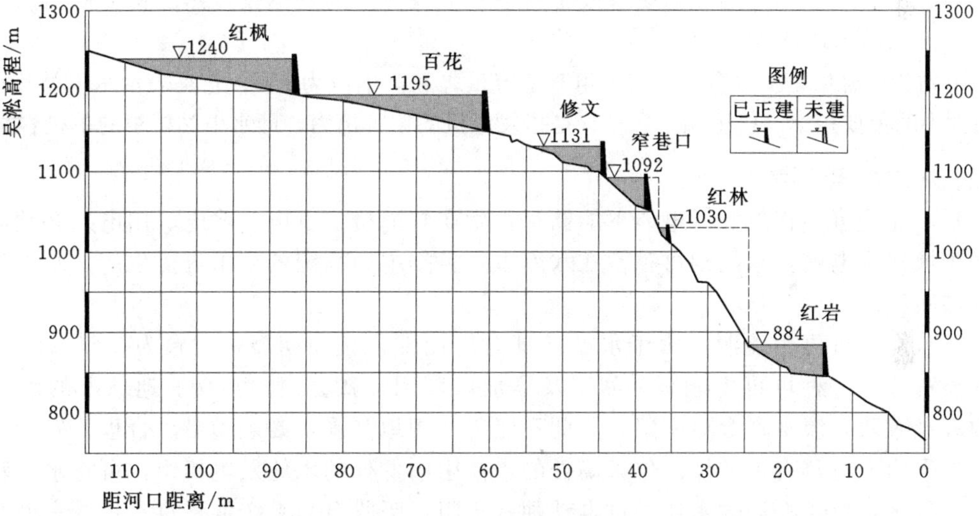

图1-5　贵州猫跳河梯级电站纵剖面图

二、水电站出力、发电量和装机容量的概念

1. 水电站出力

通常把水流在单位时间内做功的能力，叫做水流出力。水电站所利用的水流出力称为水电站出力，其大小与所取得的水头（H）和流量（Q）之间的关系为：

$$N = 9.81\eta QH \tag{1-1}$$

式中　N——水电站出力，kW；

η——水电站效率，%；

H——水头，m；

Q——流量，m^3/s。

水电站效率η是考虑到引水系统、水轮机、发电机和传动设备都存在能量损失的系数。

该值一般随水头和流量的变化而改变，常以设计工作状态下的数值为计算。若设 $K=9.81\eta$，则由式（1-1）得

$$N=KHQ \tag{1-2}$$

式中　K——水电站出力系数。根据当前水电设备技术的发展，在规划电站时，对于大中型水电站一般可取 $K=8.0\sim9.0$，对于小型水电站取 $K=6.5\sim7.5$。

2. 水电站发电量

水电站发电量是指在某一段时间（T）内，水电站所发出的电能总量，单位是 kW·h。其计算方法，对于较短的时段如日、月等，发电量 E 可由该时段内电站的平均出力 N 和该时段的小时数 T 相乘得出，即：

$$E=NT \tag{1-3}$$

式中　E——T 时段内发电量，kW·h；

T——计算时段内小时数，h；

N——T 时段内平均出力，kW。

如：平均出力为 1000kW 水轮发电机组，1h 发电量为 1000kW·h。对于较长时段，如季、年等，由式（1-3）先计算该季或年内各日（或月）的发电量，然后相加得出。

3. 水电站装机容量

水电站装机容量是指水电站所有机组额定容量之和，单位为 kW。它是表示水电站规模和生产能力大小的重要指标。机组额定容量，是指发电机的铭牌出力，即水电站机组的单机容量。

三、水力发电特点

（1）水能为可储存能源。电能不能储存，生产与消费（发电、输电、用电）必须同时完成。对于坝式水电站，水能则可存蓄在水库里，根据电力系统的要求进行生产，水库是电力系统的储能库。

（2）水能为可再生能源。由于水循环具有周期性，且周期短，大致为一年（水文年），所以水能资源是一种可再生能源，如不及早加以利用，就会白白浪费。地球上的水虽可再生，但总量有限，淡水资源更有限，因此不能无节制地开采，必须珍惜、合理开发利用。

（3）水力发电具有可逆性。位于高处的水体引向低处的水轮发电机组，可将水能转换成电能。反过来，位于低处的水体通过电动抽水机组，吸收电力系统能量将水送往高处水库储存，又可将电能又转换成水能。利用这种水力发电的可逆性能修建抽水蓄能电站，对提高电力系统的负荷调节能力具有独特的作用。

（4）水火互济，调峰灵活。电力用户的用电量是时刻变化着的，电网中的日负荷有高峰也有低谷。火电站、核电站从开机到正常运行通常需要几个小时，宜担负基荷运行。水电站启动灵活，在 1～2min 内，就能从停机状态达到满负荷运行，宜于担任调峰、调频和事故备用，与火电站、核电站配合运行，互相补充。

（5）综合利用，多方得益。水力发电只利用水流的能量来冲动水轮机，不消耗水量，因此，水资源可以综合利用。除发电外，还可同时兼得防洪、灌溉、航运、给水、水产养殖、旅游等方面的效益，进行多目标开发，既兴利，又除害。

（6）水电成本低、效率高。水力发电不消耗燃料，不需要运输发电所用的燃料，设备简单，运行和维修费用低，所以水电站电能生产成本低，一般只有相同容量的火电站运行成本的 1/4～1/5。而且水电站的能源利用率高，可达 85%以上，而火电站燃煤热能效率只有 40%左右。

(7) 美化环境，能源洁净。水电站在生产电能的过程中不产生有害气体，无废渣、无废水、无化学污染和热污染。不仅如此，水电站的建成，在上游形成了水库，环境幽静、水体纯洁、空气清新、湖光山色，大大地改善了环境，还可以成为风景游览区。

(8) 受自然条件限制较大。修建水电站需要考虑多方面因素，如水量、落差、地质、地形、地理、环境、土地淹没、移民、政治、经济、交通等。水能资源只能就地开发，不少地区的水能资源很丰富，但由于当地经济不发达，交通不便，难以充分开发和利用。大部分水电站至负荷中心或与电网连接点有相当距离，需要修建昂贵的输变电工程。

(9) 一次性投资大，工期长。水力发电，其工程规模往往巨大，加之整个工程的实施要考虑水文情况、季节气候影响、水工建筑施工、机械安装、移民安置、施工技术、资金到位等诸多因素，工程投资及复杂程度巨大。小型工程工期为3～5年，中型工程为8～10年，大型工程需10年以上。

(10) 一旦出事，后果严重。巨大的水压力一旦因设计、施工、自然破坏或管理不当，将导致高压水管的破裂或溃坝等严重后果，对下游产生的灾害及水电站本身的破坏都是毁灭性的。因此，作为水利工作者，要求有极高的责任心及科学态度，做好勘测、设计及施工等环节的每一项工作。

(11) 对环境、生态有一定影响。修建水电站，可能会存在水库淹没，工程占地，工程施工对生态环境的影响，存在大坝对鱼类水生物生长、繁育影响问题。因此，在工程建设中，要高度重视，全面分析，充分论证，落实具体措施，解决生态环保问题。

任务5　掌握水电站的基本类型

一、按调节能力分类

按调节能力分类，水电站可以分为无调节水电站、有调节水电站。

无调节水电站：它没有水库，不能对径流进行调节，只能直接引用河中径流进行发电，所以又称为径流式水电站。无调节式水电站的运行方式，以尽可能多利用河中径流为原则。

有调节水电站：它借助于水库，能在某种限度内按照用电负荷对径流进行调节，把超过发电所需的多余来水蓄入水库，当来水不足时增大发电流量之用。有调节水电站也称为蓄水式水电站，它的运行方式可以在一定程度上适应用电负荷情况，按照调节径流的周期长短，有调节水电站又可分为日调节水电站、年调节水电站和多年调节水电站，视水库的大小而定。

坝后式和混合式水电站一般都是有调节的，河床式水电站和引水式水电站则较多是无调节的。

二、按水电站集中落差的方式分类

按水电站集中落差的方式分类，水电站可分为坝式、引水式和混合式水电站。

(一) 坝式水电站

坝式水电站就是用坝（或闸）来集中水头的水电站。坝式水电站可分为河床式水电站和坝后式水电站两种。

1. 河床式水电站

河床式水电站是指水电站厂房修建在河床中，厂房本身是挡水建筑物的一部分，并承受水压力，如图 1-6 所示。

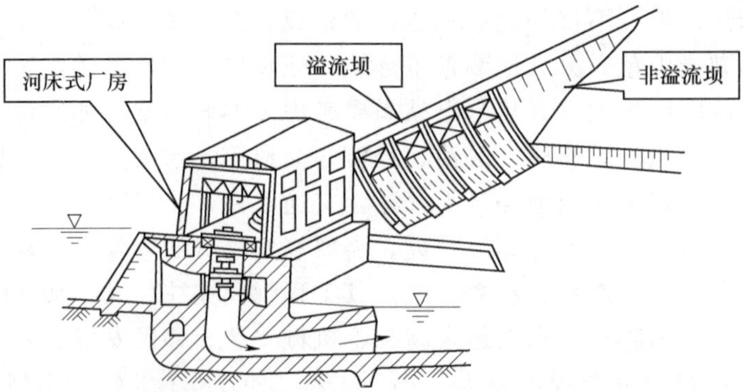

图 1-6 河床式水电站布置示意图

河床式水电站一般修建在平原河段上，为避免造成大量淹没而修建低坝，适当抬高水位。由于水头不高，安装水轮发电机组的厂房和坝并排建造在河道中。因所引用的流量较大，河床式水电站又称为低水头大流量水电站。对于小型水电站，水头一般在 8～10m；对于大中型水电站，水头一般在 25m 以下。图 1-7 所示为长江葛洲坝河床式水电站。

图 1-7 长江葛洲坝河床式水电站

电站建筑物组成包括进水口、引水道及厂房等。进水口后的引水道较短，河水直接由厂房上游引入水轮机。由于电站水头低、流量大，大多安装直径大、转速低的轴流式水轮发电机组，机组台数较多时，整个厂房的长度较长。

2. 坝后式水电站

如果水头较高或因河道狭窄而不宜将电站厂房与挡水坝并排布置，常将电站厂房布置在坝的后面，故称为坝后式水电站。

在坝后式水电站的水利枢纽中，水电站建筑物集中布置在坝段后，大多靠河道布置，以利于布置主变压器场与对外交通等设施。其建筑物组成包括拦河坝、溢洪道、电站进水口及其附属设备、厂房和输变电设施等。拦河坝一般较高，坝型可以是重力坝、支墩坝或拱坝。电站取水口处的拦污栅、闸门及其启闭设备均布置在坝的上游，与坝身合成一体。泄水建筑物多设计成坝体溢流型式。由于水头较高，厂房本身重量不足以维持其稳定，因此厂房不挡水，坝与厂房之间用永久缝分开，电站坝段与溢流坝段间用导流墙隔开，使电站进水和尾水的水流不受泄水建筑物泄洪时干扰。

坝后式水电站一般宜建在河流中上游的山区峡谷地段，集中落差为中高水头。我国著名的长江三峡水电站即为坝后式水电站，如图1-8所示。

图1-8　长江三峡坝后式水电站

（二）引水式水电站

引水式水电站就是用引水道集中水头的水电站。引水式水电站又可分为无压引水式水电站和有压引水式水电站两种。

1. 无压引水式水电站

引水道为无压明渠或无压隧洞的引水式水电站称为无压引水式水电站。

无压引水式水电站具有较长的渠道、无压隧洞、渡槽等。如图1-9（a）所示为典型山区无压引水式水电站示意图。无压引水式水电站多建造在河流坡降较陡的河段上，一般用来集中高、中水头。其枢纽建筑物一般分为三个组成部分：

（1）首部枢纽。由坝（低坝或无坝）、进水口及沉沙池（多泥沙河流）等建筑物组成。

（2）引水建筑物。它紧接于进水口之后，在引水渠道上有时设有渡槽、涵洞、倒虹吸管及桥梁等附属建筑物，在引水渠道的尾端与压力前池相接。

（3）厂区枢纽。由压力前池（有时设有日调节池）、高压管道、厂房、变电及配电设备和尾水渠等建筑物组成。

2. 有压引水式水电站

引水道为有压的隧洞、压力水管的引水式水电站称为有压引水式水电站，如图1-9（b）所示。有压引水式水电站水利枢纽的特点是具有较长的有压引水道，一般为有压隧洞。其枢纽建筑物主要组成如下：

（1）首部枢纽。含拦河坝及进水口。

（2）有压引水建筑物。

（3）厂区枢纽。包括调压室、压力水管、电站厂房及尾水渠等建筑物。

有压引水式水电站常建于河道坡降较陡或有河湾、适于修建压力水道集中落差的河段。在河湾地段裁弯取直引水，引取高山湖泊的蓄水发电，在高差很大的毗邻流域引水等，均可获得相当大的水头，有利于修建有压引水式水电站。

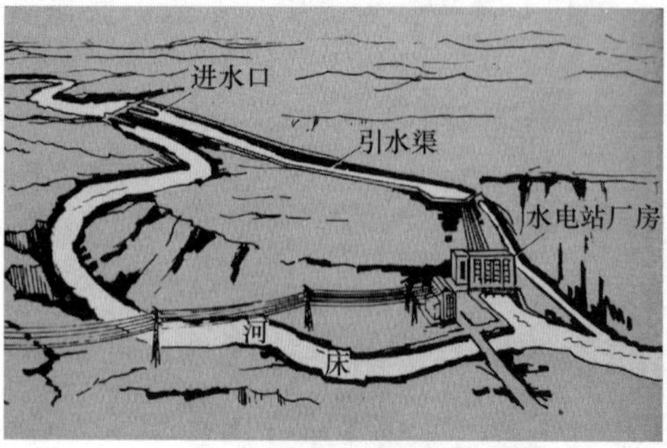

(a) 无压引水式水电站

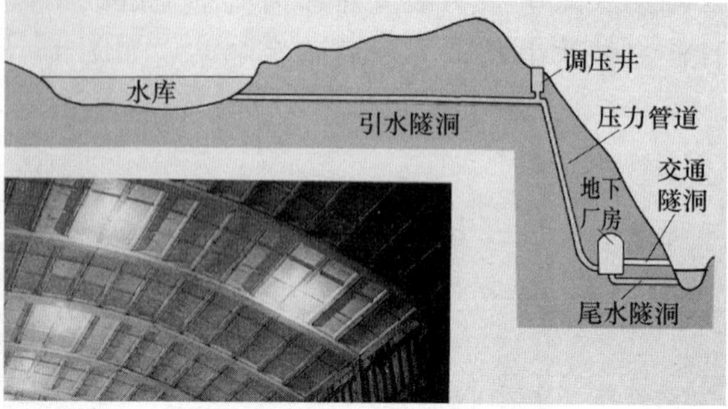

(b) 有压引水式水电站

图 1-9 引水式水电站示意图

(三) 混合式水电站

通过拦河坝集中部分落差，再通过引水道集中另一部分落差而形成水头的水电站，称为混合式水电站，如图 1-10 所示。

当上游河段有较好筑坝建库条件，下游河段坡降较大时，适合于修建混合式水电站。

三、按电站规模分类

根据《水利水电工程等级划分及洪水标准》(SL 252—2000) 水电站可分为如下几类。

大型水电站：装机容量不小于 50 万 kW。

中型水电站：装机容量为 50 万～5 万（含）kW。

小型水电站：装机容量小于 5 万 kW。

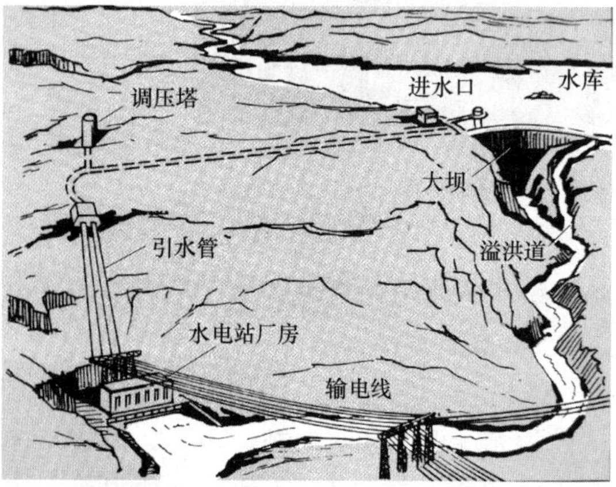

图 1-10 混合式水电站示意图

四、抽水蓄能电站与潮汐电站简介

(一) 抽水蓄能电站

抽水蓄能电站是一种特殊的水电站，它能在负荷低谷时把多余电能转化为水的势能储存，抬高系统的最小负荷，达到“填谷”的效果；在负荷高峰时将水的势能转化为电能，降低系统的最大负荷，达到“削峰”的效果，这“一抽一发”，起到了双倍调峰的作用。

抽水蓄能电站一般与火电、核电、风电等配合运行，因其有调峰、填谷和承担旋转备用的作用，可减少火电机组开停机次数，节省额外的燃料消耗，减小了事故率，使核电站平稳运行，延长核电机组运行寿命；增加风电的入网容量，充分利用清洁的可再生能源。此外，抽水蓄能电站还可承担电力系统的调频、调相、黑启动等任务。抽水蓄能电站造价不高，根据电力系统负荷、电源的分布情况，合理布置抽水蓄能电站，可减小电网潮流，在降低系统事故率、提高供电可靠性的同时，节省电力系统总运行费用。

抽水蓄能电站枢纽建筑物主要有上下两个水库，用输水建筑物相连，蓄能电站一般采用可逆式机组，有抽水蓄能和放水发电两个过程：

（1）抽水蓄能。系统负荷低时，利用系统多余的电能带动泵站机组将下库的水抽到上库（电动机＋水泵），将电能以水的势能形式储存起来。

（2）放水发电。系统负荷高时，将上库的水放下来推动水轮发电机组（水轮机＋发电机）发电，以补充系统中电能的不足，如图1－11所示。

图1－11　抽水蓄能电站

抽水蓄能电站不但可有效解决用电高峰与低谷时电力供求的矛盾，而且随着我国电力行业的改革，实行负荷高峰高电价、负荷低谷低电价后，抽水蓄能电站的经济效益将是显著的。我国部分已建抽水蓄能电站及其装机容量如下：

广东从化抽水蓄能电站，其装机容量为2400MW（8×300MW）。

浙江天荒坪抽水蓄能电站，其装机容量为1800MW（6×300MW）。

北京十三陵抽水蓄能电站，其装机容量为800MW（4×200MW）。

河北潘家口抽水蓄能电站，其装机容量为420MW（3×90MW＋150MW）。

西藏羊卓雍湖抽水蓄能电站，其装机容量为90MW（4×22.5MW）。

（二）潮汐电站

潮汐发电按开发方式不同分为单向水库单向发电、单向水库双向发电及双向水库潮汐发电，如图1－12所示。

潮汐是海水因受日月引力而产生的周期性升降运动，即海水的潮涨潮落。正常潮汐的最大潮差为8.9m，北美芬迪湾蒙克顿港最大潮差竟达19m。世界海洋潮汐能蕴藏量约为27亿kW，若全部转换成电能，每年发电量大约为1.2万亿kW·h。

潮汐发电的原理是：利用潮水涨落产生的水位差所具有的势能来发电，也就是把海水涨潮落潮的能量变为机械能，再把机械能转变为电能（发电）。潮汐发电就是在海湾或有潮汐的河口建一拦水堤坝，将海湾或河口与海洋隔开构成水库，再在坝内安装水轮发电机组，然后利用潮汐涨落时海水位的升降，使海水通过水轮机带动发电机发电。

建设潮汐电站，不需要移民，不淹没土地，没有环境污染问题，还可以结合潮汐发电发展围垦、水产养殖和海洋化工等综合利用项目，但由于潮汐发电的开发成本较高和技术上的

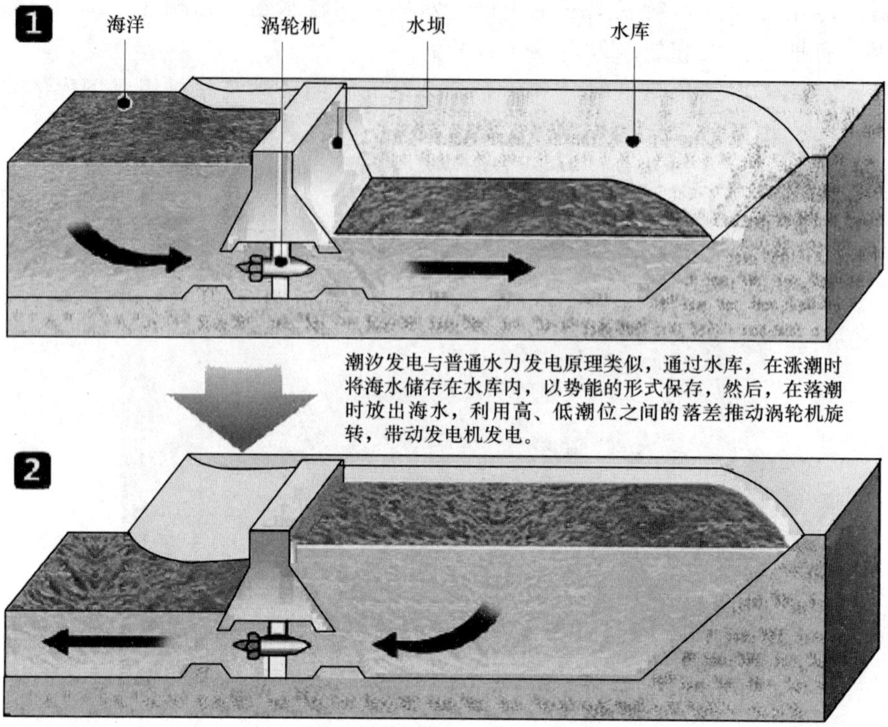

图 1-12　潮汐电站示意图

原因，其发展速度不快。

任务6　掌握水电站枢纽组成建筑物及水电站厂房类型

一、水电站枢纽组成建筑物

（一）挡水建筑物

挡水建筑物是指用以拦截水流，集中落差，形成水库的拦河坝、闸或河床式水电站的厂房等水工建筑物，如混凝土重力坝、混凝土拱坝、土石坝、拦河闸等。

（二）泄水建筑物

泄水建筑物是指用以下泄多余的水量、放空水库、排泄泥沙的建筑物，如溢洪道、放空洞、泄洪排沙隧洞、泄水冲沙底孔等。

（三）进水建筑物

进水建筑物是指用以根据水电站用水的要求将水由水库或河道引进水轮机中的引水道首部建筑物，如有压进水口、无压进水口等。

（四）引水建筑物

引水建筑物是指用以将发电用水输送至水轮发电机组的建筑物。根据自然条件和水电站型式的不同，可以为明渠、隧洞、管道，还包括在引水道上的渡槽、隧洞、倒虹吸、桥梁等交叉建筑物以及将水流从水轮机排向下游的尾水建筑物。

（五）平压建筑物

平压建筑物是指当水电站负荷变化时，用以平稳引水建筑物中流量及压力的变化，保证电站运行稳定的建筑物，如有压引水道中的调压室和无压引水道中的压力前池等。

（六）过坝建筑物

过坝建筑物是指提供船只、木材、鱼类等过坝的建筑物，如船闸、过木道、鱼道等。

（七）厂区枢纽建筑物

水电站的主厂房、副厂房、主变压器场、高压开关站、交通道路、尾水渠等建筑物，一般都集中布置，形成厂区枢纽。厂区枢纽是发电、变电、配电、送电的中心，是电能生产的中枢。

水电站枢纽组成建筑物如图1-13所示。

- 枢纽建筑物
  - 挡水建筑物：坝、闸
  - 泄水建筑物：溢洪道、泄水洞、溢流坝
  - 过坝建筑物：过船、过木、过鱼
- 水电站建筑物
  - 引水建筑物
    - 进水建筑物：进水口、沉沙池
    - 输水建筑物：引水道、压力管、尾水道
    - 平压建筑物：前池、调压室
  - 厂区枢纽建筑物
    - 厂房
      - 主厂房
      - 副厂房
    - 变电站、开关站

图1-13 水电站枢纽组成建筑物

二、水电站厂房类型

（一）按结构型式分类

1. *地面厂房*

（1）坝后式厂房。如图1-14所示，坝上游面设有进水口，进水口设有拦污栅和闸门。高压管道穿过非溢流坝身通向坝下游侧的电站厂房中，为保证坝体所受水压力不传至电站厂房建筑物上，将大坝与厂房用永久伸缩沉陷缝分开。电站厂房一般设在有对外交通道路的一侧，厂房虽然占据部分河床，但并不影响溢流坝的布置，因此这种布置方式要求有较宽的河床。

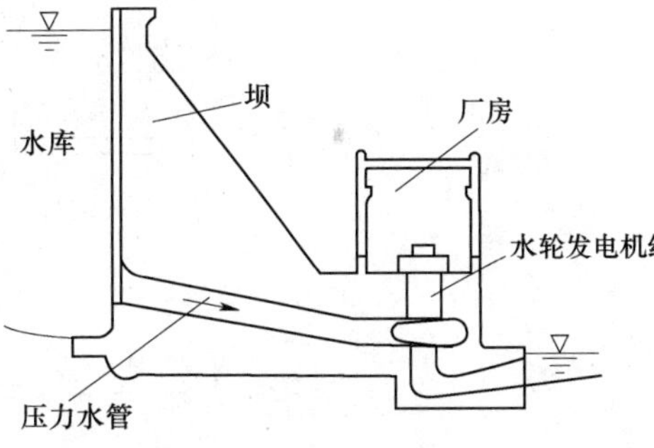

图1-14 坝后式厂房

（2）挑越式厂房。将水电站厂房设于坝后，因河床较窄，泄水建筑物难以布置，这时可采用厂房布置在溢流坝后的方案，图1-15、图1-16所示的贵州乌江渡水电站便采用这种厂房。泄洪时，水流从厂房顶挑出。由于在厂房顶上通过高速水流，因此房顶要求平滑，并能抵抗水流的荷载和不发生有害的振动与气蚀。因此厂房内的工作环境较差，下游水位的波动对发电不利，需解决通风、采光和防潮问题。这种布置方式多应用在河谷狭窄、泄洪量大、厂房较长的情况。

（3）溢流式厂房。当河谷狭窄，而洪水很大时，河谷内往往不能同时布置厂房和泄水建筑物，如果把厂房放在坝体内，而在坝顶上溢流，就成为溢流式厂房，如图1-17所示。这种电站厂房不仅可设于重力坝、宽缝重力坝内，还可设于拱坝内。

这类厂房的引水道和尾水道很短，混凝土坝体有空腔，有利于坝体混凝土的冷却和节省混凝土。其特点与溢流式坝后厂房很类似，通风、照明与防潮问题需要很好地予以解决，应

图 1-15 乌江渡电站挑越式厂房

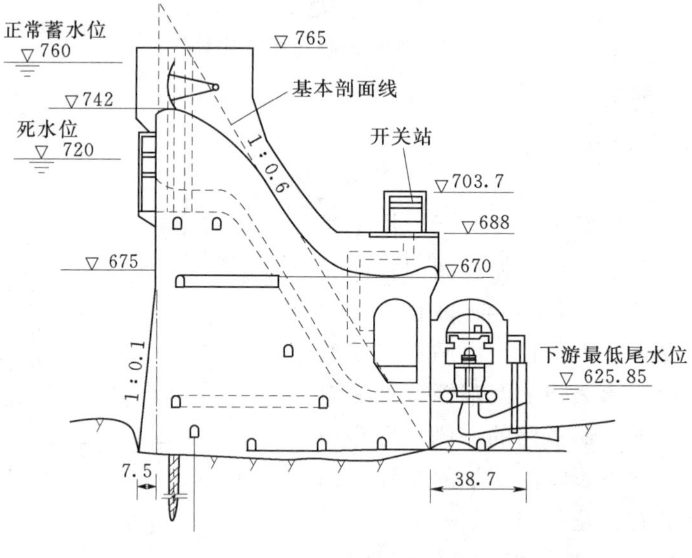

图 1-16 乌江渡电站厂房横剖面图（单位：m）

力比较复杂，施工干扰大。

（4）河床式厂房。当水电站水头较低（一般小于 25～35m），而单机容量又比较大时，水电站厂房尺寸较大，可把厂房与大坝并排布置，利用厂房来挡水，代替部分拦河大坝，可减小工程投资。这类厂房称为河床式厂房，如图 1-18 所示。

这种厂房本身作为挡水建筑物，也存在滑动、稳定、基础防渗等一系列问题。另外，由于流量大，水轮机蜗壳的尺寸较大，而且由钢筋混凝土做成，其尾水管较长，尾水管之上的空间较大，便于布置副厂房和变压器等设备。

（5）河岸式厂房。水电站厂房设置于远离坝区的岸边之上，如图 1-19 所示，这种电站厂房多为引水式和混合式水电站的地面厂房。河岸式厂房的特点是厂房枢纽与大坝枢纽互不干扰，引水建筑物比较长，因此厂区布置灵活。厂房的布置主要取决于河岸的地形地质条件

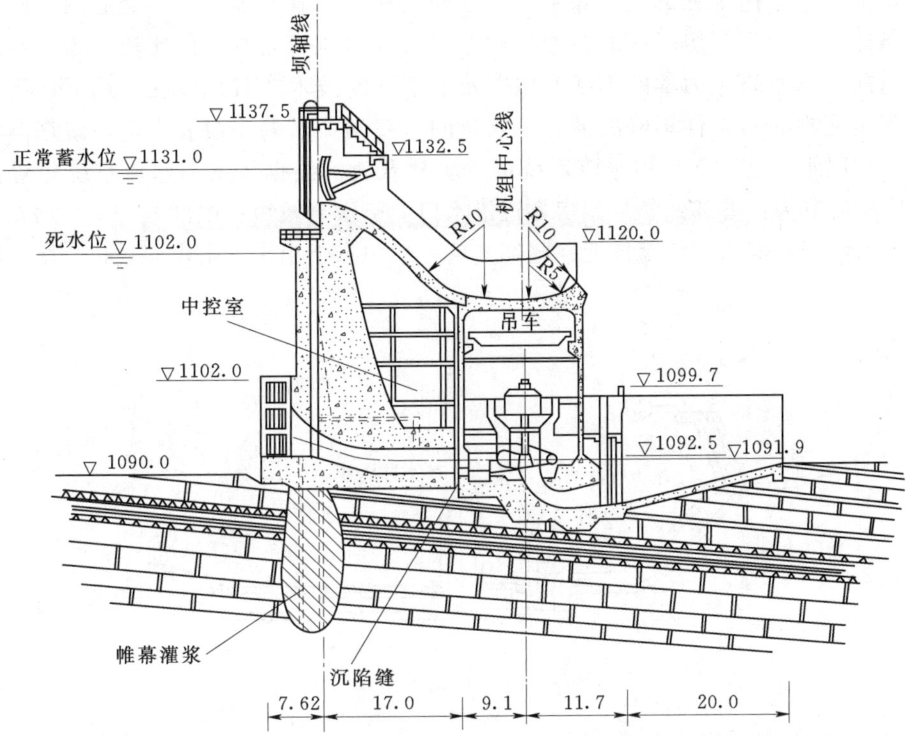

图1-17　溢流式厂房（单位：m）

图1-18　河床式厂房

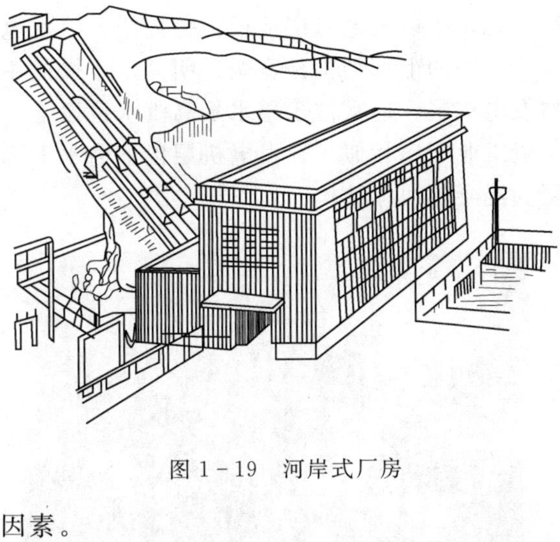

图1-19　河岸式厂房

以及引水建筑物、对外交通和水电站的出线等因素。

2. 地下厂房

有压引水式（主要是混合式）水电站，如因地形地质条件或其他条件限制不宜布置成河岸式地面厂房，则可布置成地下厂房，如图1-20所示。地下厂房对地质条件要求较高，受地形条件影响较小，故厂房的位置选择比较灵活；施工不受季节气候影响，可全年施工。其缺点是：地下岩石开挖工程量大；除主体工程外还有通风洞、出线洞、交通洞的施工；投资大，施工条件差；地下厂房厂区的布置、对外交通及通风采光等条件比较差，厂房结构也比较复杂。当前，随着岩土力学的不断发展以及地下开挖技术的日趋成熟，地下厂房普遍被采用，有些甚至是在岩石条件不好的情况下修建的，我国著名的小浪底水电站就是典型例子。

引水洞和尾水洞是地下厂房水流系统的主要建筑物。根据厂房与水流系统相对位置的不同。地下厂房可分为：首部式——厂房靠近进水口，引水洞较短；中部式——厂房位于水流系统的中部，引水洞和尾水洞长度接近；尾部式——厂房靠近出水，引水洞较长，尾水洞较短。

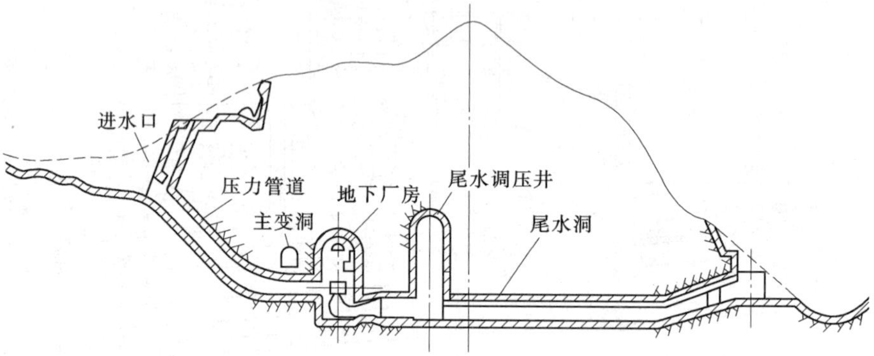

图1-20 地下厂房

（二）按机组的装置方式分类

1. 立式机组厂房

水轮发电机的主轴为竖直方向布置，发电机、水轮机及其辅助设备分层布置于不同的高程之上，因此在竖直方向分有若干层，如图1-14所示的坝后式水电站厂房即为立式机组厂房，总体上以发电机层地板为分界线，将水电站厂房分为上部结构与下部结构。

厂房的上部结构是宽敞、明亮、干燥的主机房，因为主要布置发电机及其电气设备，故称发电机层，通常位于尾水最高洪水位以上，又称为水上部分。水上部分在结构上和常见的一般工业厂房相似。在发电机层以下为水下部分，包括水轮机层及其以下的蜗壳层和尾水管层的混凝土块体结构。

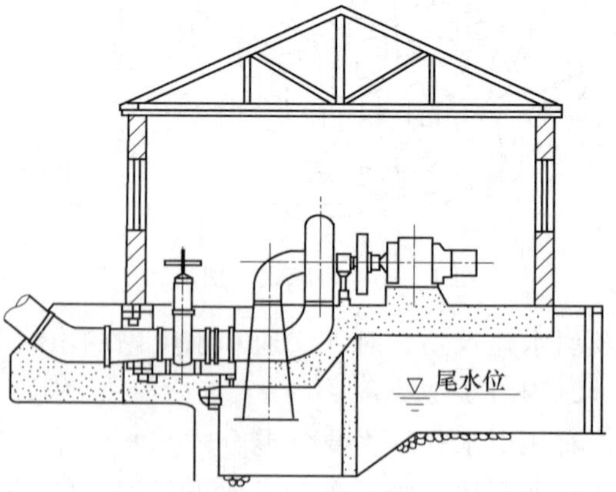

图1-21 卧式机组厂房

2. 卧式机组厂房

如图 1-21 所示，卧式机组厂房水轮机和发电机安装在同一高程的地板上。卧式机组厂房的面积比立式机组厂房相对大一些，但厂房高度小，总的工程量比立式机组厂房少。其优点是投资省，运行管理方便，安装、维修也容易。

课 后 任 务

1. 结合我国水能资源的分布及开发情况，谈谈我国水电事业取得的成就、存在的问题及发展前景。

2. 我国水能资源有哪些特点？

3. 通过上网查询等方式，了解本地的水能资源的分布及开发情况，找出本地装机容量最大的水电站。

4. 水力发电的基本原理及特点是什么？

5. 通过上网查询等方式，了解我国目前生产电能的方式有哪些？各有何特点？发展前景怎样？

6. 水电站有哪些基本的类型？各有哪些特点？

7. 本课程有哪些内容？其任务是什么？

8. 试写出水力发电的基本公式，并说明公式含义。

项目 2　水电站动力设备

学习提示

项目内容： 水轮机的类型、基本构造与基本工作参数，水轮机的气蚀、吸出高度和安装高程，水轮机调节及辅助设备，发电机及附属设备。

学习重点： 各种水轮机的基本类型、特点及其适用情况。蜗壳和尾水管的基本类型、特点、适用情况，防止气蚀的措施。

学习要求： 掌握水轮机的类型、基本构造，理解水轮机基本工作参数，了解水轮机气蚀、吸出高度和安装高程，水轮机调节及辅助设备，发电机及附属设备。

水电站的动力设备是指水电站中将水能转换成电能的机电设备，主要由水轮机、发电机及其附属电气机械设备组成。

水轮机与发电机相连接的综合体称为水轮发电机组。水轮机是一种将水能转化为旋转机械能的水力原动机，分为反击式和冲击式两大类。

水轮发电机主要有悬式和伞式两类。机组附属电气机械设备包括调速器、油压装置、励磁设备、自动化及保护系统的设备等。

与火电站相比，水电站动力设备的机组结构及其附属设备系统较简单，可靠性高，寿命较长，并能快速启动和增减负荷，能在电网中承担调峰、调频和事故备用任务，易于实现电站自动监控或遥控，而且不污染大气和水质，有利于环境保护。

任务 1　掌握水轮机的类型与基本构造

一、水轮机的类型

（一）水轮机的基本类型

根据水流能量转换特征不同，把水轮机分为反击式和冲击式两大类。

利用水流的势能（位能和压能）和动能的水轮机，称为反击式水轮机；只利用水流动能的水轮机，称为冲击式水轮机。

两大类水轮机按水流流经转轮的方向及结构特征不同，又分为若干种型式。近代水轮机的主要类型如图 2－1 所示。

- 水轮机
  - 反击式
    - 混流式(HL)
    - 轴流式(ZL)
      - 轴流转桨式(ZZ)
      - 轴流定桨式(ZD)
    - 斜流式(XL)
    - 贯流式(GL)
      - 贯流转桨式(GZ)
      - 贯流定桨式(GD)
  - 冲击式
    - 切击式(水斗式)(CJ)
    - 斜击式(XJ)
    - 双击式(SJ)

图 2－1　水轮机主要类型

1. 反击式水轮机

反击式水轮机转轮由若干个具有空间三维扭曲面的叶片组成，压力水流充满水轮机的整个流道。当压力水流通过转轮时，受转轮叶片作用，水流的压力、流速大小和方向发生变化，因而水流便以其压能和动能给转轮以反作用力，此反作用力形成旋转力矩使转轮转动。

反击式水轮机按水流流入和流出转轮方向的不同，又可分为混流式、轴流式、斜流式和贯流式。

2. 冲击式水轮机

冲击式水轮机是借助于特殊导水机构引出具有动能的自由射流，冲向转轮水斗，使转轮旋转做功，从而完成将水能转换成机械能的一种水力原动机。在冲击式水轮机中，以工作射流与转轮相对位置和做工次数的不同，可分为切击式、斜击式和双击式。

（二）水轮机的特点及应用范围

1. 混流式水轮机

混流式水轮机又称法兰西斯（Francis）式水轮机，水流从四周径向流入转轮，然后近似轴向流出转轮，故称为混流式，如图2-2所示。

混流式水轮机结构简单，运行可靠，效率高，能适应很宽的水头范围，是目前世界各国广泛采用的水轮机型式之一。混流式水轮机应用水头范围大，一般为20～700m，最高达734m。我国三峡水电站700MW的水轮发电机组，就是采用的混流式水轮机。

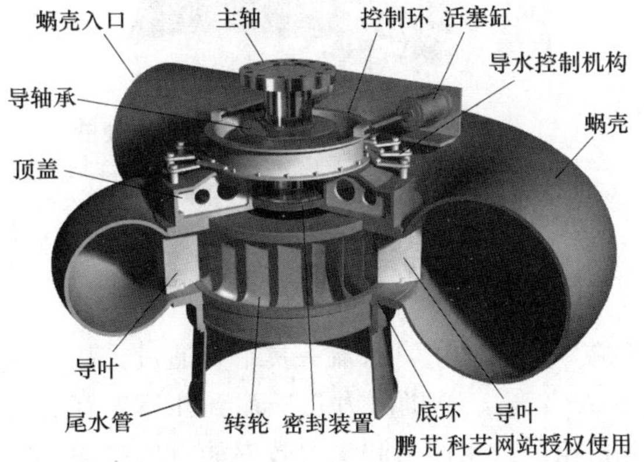

图2-2　混流式水轮机

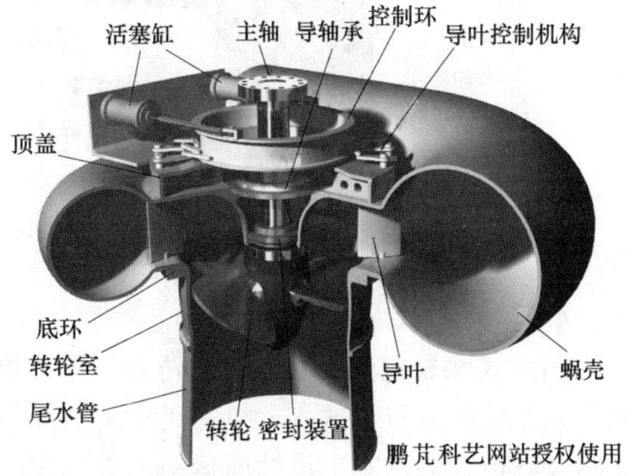

图2-3　轴流式水轮机

2. 轴流式水轮机

水流进入和流出这种水轮机的转轮时，都是轴向的，故称轴流式，其应用水头为3～80m，如图2-3所示。在同样的水头下，它的过流能力比混流式大，气蚀性能较混流式差。根据转轮叶片在运转中能否转动，又分为轴流定桨式和轴流转桨式两种。轴流转桨式又称为卡普兰（Kaplan）式。

轴流定桨式水轮机的转轮叶片在运行时是固定不动的，因而结构简单，造价较低；由于叶片固定，当水头及负荷变化时，叶片角度不能根据水流流态变化而调整，效率会急剧下降。轴流定桨式水轮机一般用于出力较小、水头较低以及水头变化幅度较小的水电站。

轴流转桨式水轮机是奥地利工程师卡普兰在1920年发明的，故又称卡普兰水轮机。其转轮叶片一般由装在转轮体内的油压接力器操作，可根据水头和负荷变化做相应转动，以保持活动导叶转角和叶片转角间的最优配合，从而提高平均效率。但是，这种水轮机需要一个操作叶片转动的机构，因而结构较复杂，造价较高，一般用于水头、出力均有较大变化幅度的大中型水电站，其适用水头一般为 2～88m。我国葛洲坝水电站安装的 175MW 机组采用的就是轴流转桨式水轮机。

3. 斜流式水轮机

水流流经该水轮机转轮时，水流方向与轴线呈某一倾斜角度。它是 20 世纪 50 年代发展起来的一种机型，其结构和特性均介于混流式和轴流转桨式之间，如图 2-4 所示。斜流式水轮机的叶片角度也可以根据运行需要进行调整实现导叶与转轮叶片的双重调节。斜流式水轮机有较高的高效率区，且具有可逆性，常作为水泵水轮机用于抽水蓄能电站中；适用水头范围一般为 40～200m，因其结构复杂，造价较高，很少用于小型水电站中。

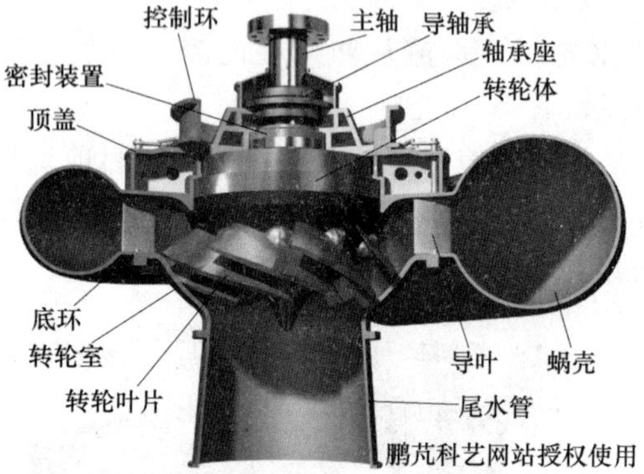

图 2-4　斜流式水轮机

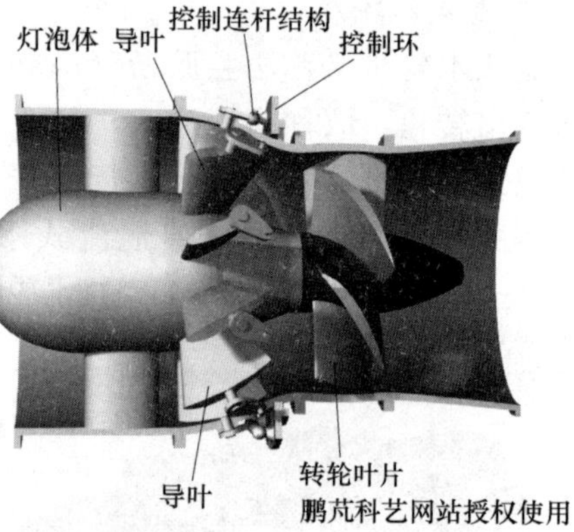

图 2-5　贯流式水轮机

4. 贯流式水轮机

贯流式水轮机的引水部件、转轮、排水部件都在一条轴线上，水流一贯平直通过，故称为贯流式水轮机。贯流式水轮机适用水头范围一般在 2～25m，单机出力几千瓦到几万千瓦。由于水流在流道内基本上沿轴向运动，不转弯，因此机组的过水能力和水力效率能有所提高。贯流式水轮机作为水轮机运行和作为水泵运行均有较好的水力性能，特别适用于潮汐电站，其双向发电、双向抽水和双向泄水等功能很适合综合利用低水头水力资源，如图 2-5 所示。

贯流式水轮机一般分为半贯流和全贯流，而半贯流又分灯泡式、竖井式和轴伸式等。

半贯流式机组把发电机与水轮机分开，目前国内采用灯泡式贯流机较多，竖井式和轴伸式应用于小型机组。

全贯流式机组的发电机转子在水轮机转轮外圆上，水流直贯而入，全贯流式机组应用较少。

轴伸贯流式水轮发电机组采用卧式布置，也有倾斜安装的，其结构简单，造价与工程投资少，但效率较低，在低水头小水电站中应用较广，其中水平卧式用得最多。图 2-6 是轴伸贯流式水轮发电机组示意图。

竖井贯流式水轮机是将发电机组安装在水轮机上游侧的一个混凝土竖井中，图 2-7 是竖井贯流式水轮机组示意图。

灯泡贯流式水轮机组的发电机密封安装在水轮机上游侧一个灯泡型的金属壳体中，发电机水平方向安装，发动机主轴直接连接水轮机转轮。图 2-8 是灯泡贯流式水轮机组示意图。

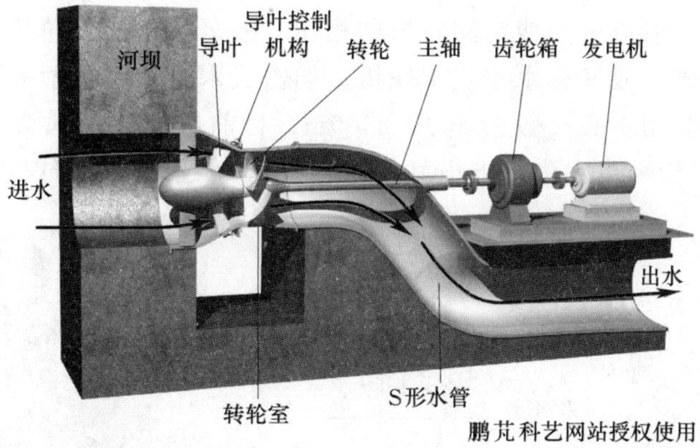

图 2-6　轴伸贯流式水轮发电机组

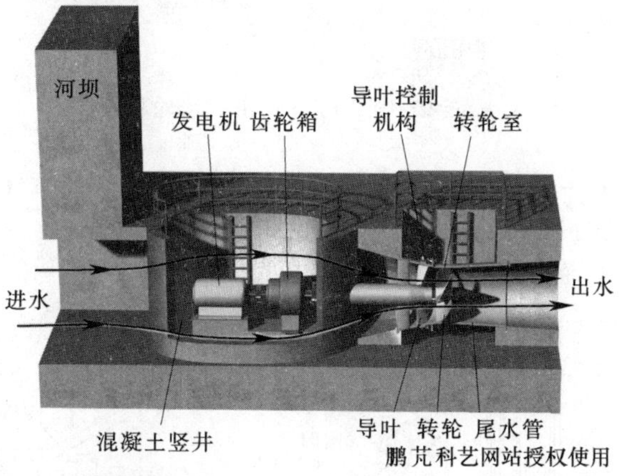

图 2-7　竖井贯流式水轮机组

图 2-8　灯泡贯流式水轮机组

5. 切击式水轮机

切击式水轮机工作射流中心线与转轮节圆相切，故名切击式水轮机。其转轮叶片均由一系列呈双碗状水斗组成，故又称水斗式水轮机。切击式水轮机是目前冲击式水轮机中应用最广泛的一种机型，其应用水头一般为300～2000m，目前最高应用水头已达到1771.3m（澳大利亚的列塞克-克罗依采克水力蓄能电站，水轮机出力 N=22.8MW），如图2－9所示。

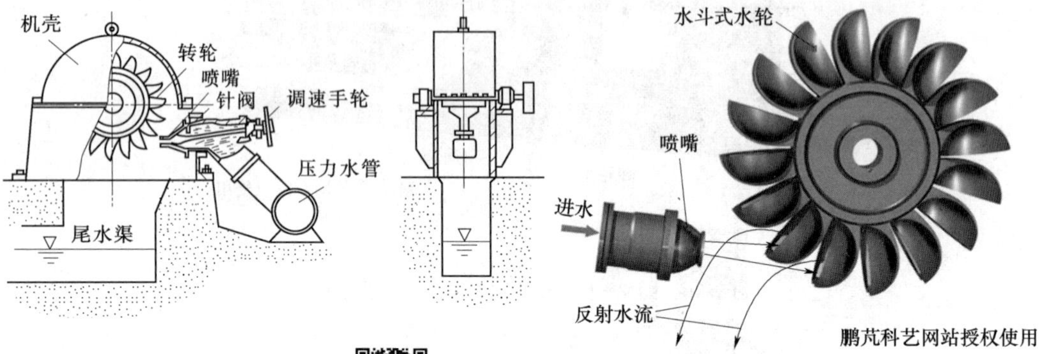

图2－9　切击式水轮机

6. 斜击式水轮机

斜击式水轮机主要工作部件和切击式水轮机基本相同，只是工作射流与转轮进口平面呈某一角度 α，射流斜着射向转轮。斜击式水轮机适用于水头35～350m、轴功率为10～500kW、比转速为18～45的中小型水电站，如图2－10所示。

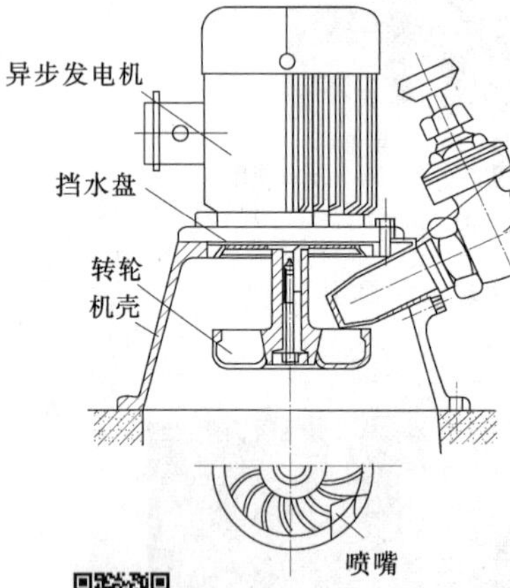

图2－10　斜击式水轮机

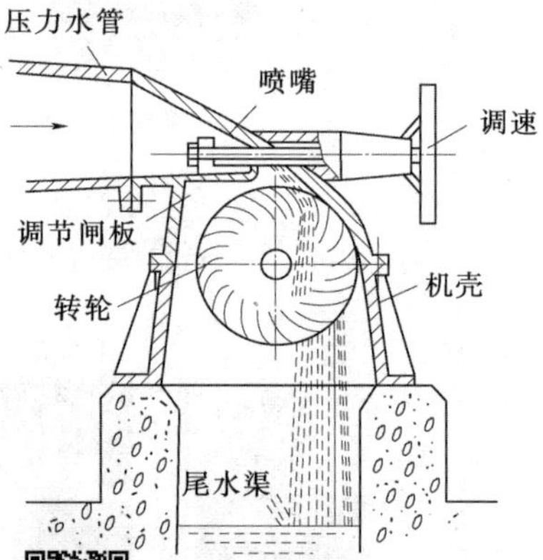

图2－11　双击式水轮机

7. 双击式水轮机

双击式水轮机水流先从转轮外周进入部分叶片流道，消耗了70%～80%的动能，然后离开叶道，穿过转轮中心部分的空间，又一次进入转轮另一部分叶道消耗余下20%～30%的动能。这种水轮机结构简单，制造容易，但效率低，一般适用于 H 大于60m，N 小于150kW的小型水电站，如图2－11所示。

二、水轮机的基本部件

水轮机的基本部件较多，这里只简要介绍对水轮机能量转换过程有直接影响的主要过流部件，以反击式水轮机为例。

反击式水轮机一般有四大基本过流部件，即引水部件、导水部件、工作部件和泄水部件，不同型式的反击式水轮机其四大部件不尽相同。

1. 引水部件

引水部件又称引水室，反击式水轮机引水室的主要作用是以最小的水力损失将水流引向导水机构，尽可能保证水流沿导水机构周围均匀、轴对称地流入，并使水流进入导水机构前形成一定的环量以及保证空气不进入转轮。

为适应不同的条件，引水室有不同的型式，常用的类型有开敞式和封闭式两类。开敞式又称为明槽式；封闭式引水室中水流不具有自由水面，有压力槽式、罐式、蜗壳式三种。

（1）明槽式引水室。明槽式引水室的水面与大气相通。为了减少明槽内的水力损失及保证水流的轴对称，明槽式引水室的平面尺寸通常比较大。这种引水室一般用于水头10m以下，转轮直径小于2m的小型电站。明槽式引水室如图2-12所示。

（2）压力槽式引水室。压力槽式引水室适用于水头8～20m的小型水轮机，如图2-13所示。

（3）罐式引水室。罐式引水室中的水流具有一定的压力，属于封闭式。它由一个圆锥形金属机壳构成，一端与压力钢管相连，另一端与尾水管连接。这种引水室结构简单，但水头损失大，一般用于标称直径 D_1 小于0.5m，水头10～35m，容量小于1000kW的小型水轮机。罐式引水室如图2-14所示。

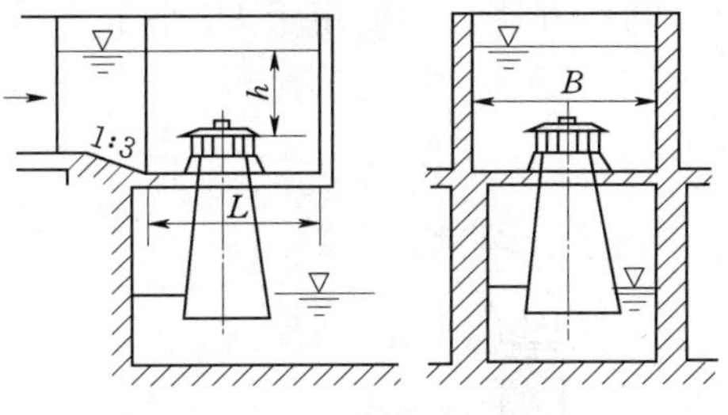

图2-12　明槽式引水室

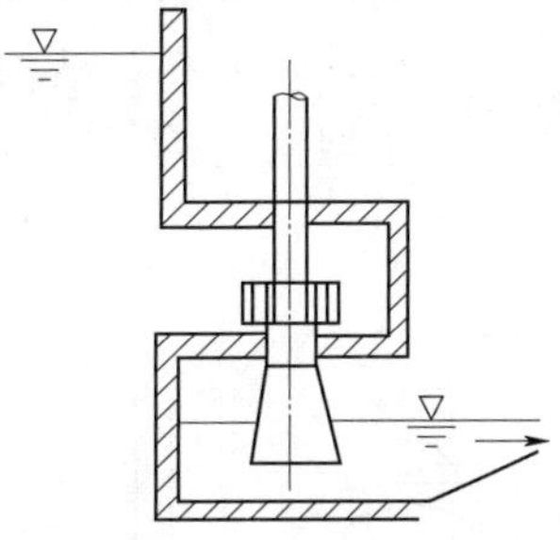

图2-13　压力槽式引水室

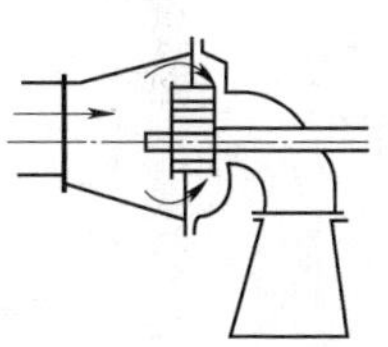

图2-14　罐式引水室

（4）蜗壳式引水室。蜗壳式引水室俗称蜗壳，其进口与压力引水管相连，沿进口断面向末端，断面面积逐渐缩小，它属于封闭式引水室。

垂直于压力水管来水方向的蜗壳断面，称作蜗壳的进口断面。蜗壳断面面积为零的一端，称为蜗壳的鼻（末）端，由鼻端到任意断面所形成的圆心角称为该断面的包角，鼻端与进口断面之间所形成的圆心角为最大包角（φ），称为全包角，简称为蜗壳的包角。

水轮机的应用水头不同，作用在蜗壳内的水压力也不相同。水头高则水压力大，要求蜗壳具有较高的强度，因此采用金属制造；而低水头时压力较小，强度可以降低，故一般采用混凝土制作。

金属蜗壳通常采用铸造或钢板焊接结构，其断面为圆形，最大包角接近360°（通常为345°），如图2-15所示。工作水头在40m以上时，一般采用金属蜗壳。

混凝土蜗壳用混凝土在电站施工现场浇筑而成，其断面为梯形，做成多边形梯形断面可

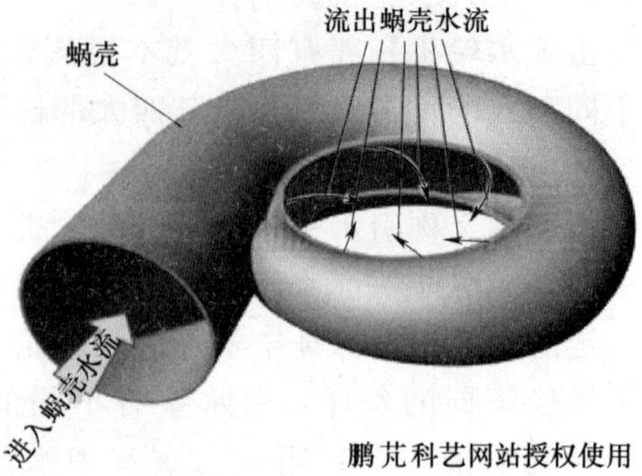

图 2-15 金属蜗壳

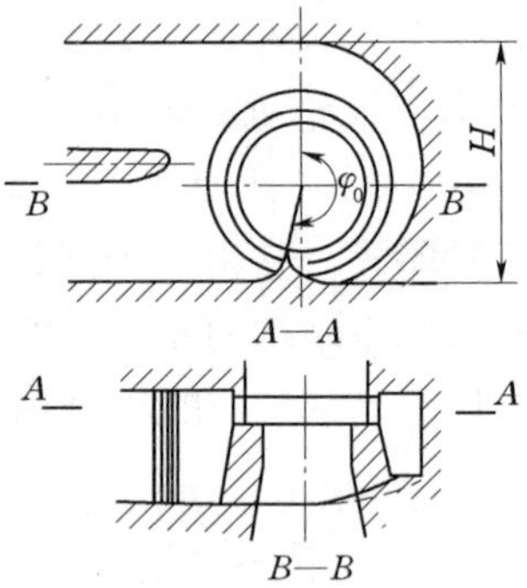

图 2-16 混凝土蜗壳

以减小径向尺寸，便于制作模板和施工，如图 2-16 所示。混凝土蜗壳的最大包角通常为 180°，应用水头在 40m 以下。

2. 尾水管

尾水管的作用是将流出转轮的水流平顺地引向下游，回收转轮出口的部分动能（动力真空）及势能（静力真空）。尾水管分为直锥形尾水管和弯曲形尾水管两类。

（1）直锥形尾水管。如图 2-17 所示，直锥形尾水管是由钢板成型后焊接而成的直圆锥形管。直锥形尾水管水力损失小，效率高，结构简单，制作方便，一般用于 D_1 小于 0.8m 的小型水轮机。

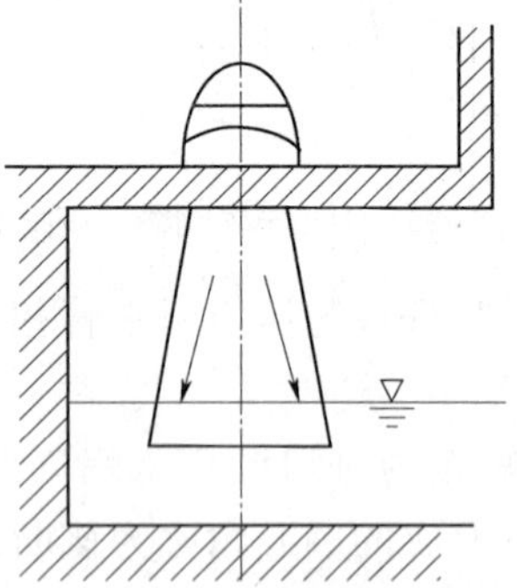

图 2-17 直锥形尾水管和尾水渠

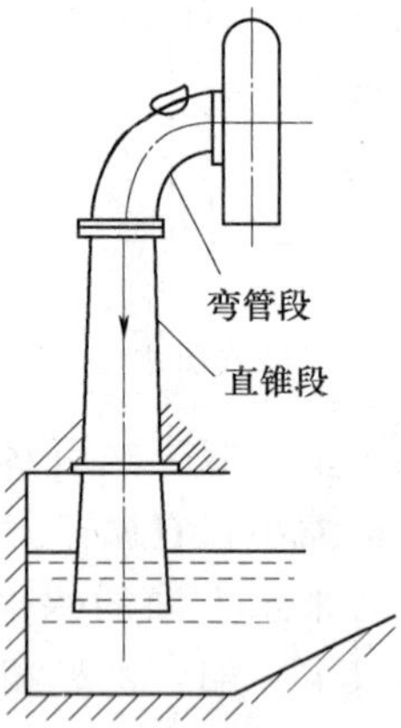

图 2-18 弯锥形尾水管

（2）弯曲形尾水管。这类尾水管又分为弯锥形尾水管和弯肘形尾水管。

弯锥形尾水管，水流从转轮流出经过 90°的弯管后进入直锥管，由于弯管内水流速度大，且水流方向发生急剧变化，因此水力损失大、效率低，只用于中小型卧轴水轮机，如图 2-18 所示。

弯肘形尾水管，由进口直锥段、肘管段和水平扩散段三部分组成。直锥形尾水管虽然损失小、效率高，但如果应用在转轮直径较大的水轮机中，尾水管将要做得很长，基础开挖深。因此，大中型立式装置的水轮机广泛采用弯肘形尾水管。图 2－19 为一轴流转桨式水轮机的弯肘形尾水管，图 2－20 为一混流式水轮机的弯肘形尾水管。

水头大于 150m，或尾水管中的平均流速大于 6m/s 时，为了防止高速水流的冲刷剥蚀，肘管需加钢板衬砌。为了便于钢板成型，可采用由圆形进口断面经椭圆形断面过渡到矩形断面的肘管。

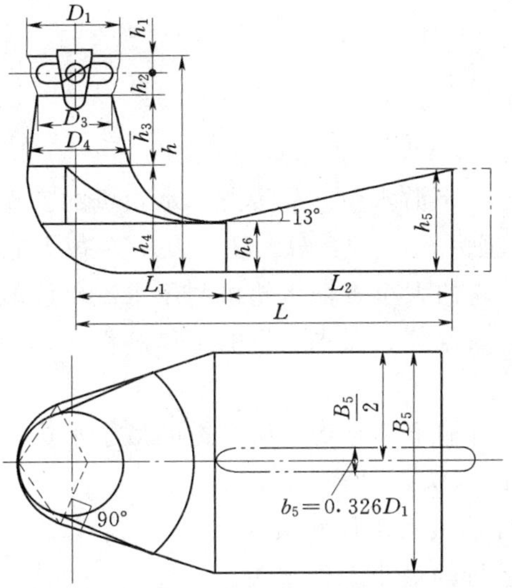

图 2－19　轴流转桨式水轮机弯肘形尾水管

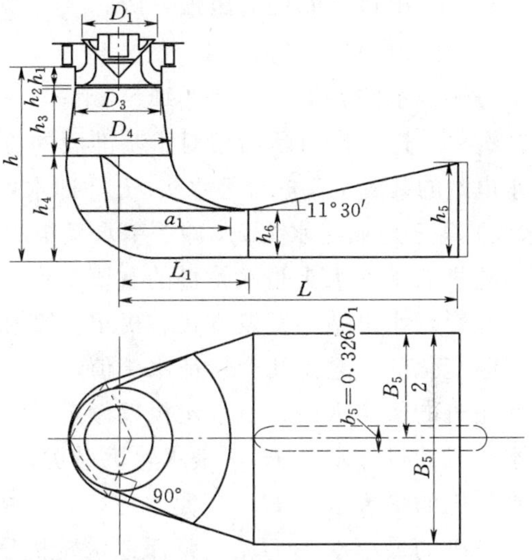

图 2－20　混流式水轮机弯肘形尾水管

任务 2　理解水轮机的基本工作参数

一、水轮机的工作参数

当水流通过水轮机时，水流的能量被转换为水轮机的机械能。常用一些参数来表征能量转换的过程，其称为水轮机的基本工作参数，主要有工作水头 H、流量 Q、出力 N、效率 η、转速 n 等。

（一）工作水头 *H*

如图 2－21 所示，水流从水电站进水口经压力水管流入水轮机，在水轮机内进行能量交换后通过尾水管排至下游。

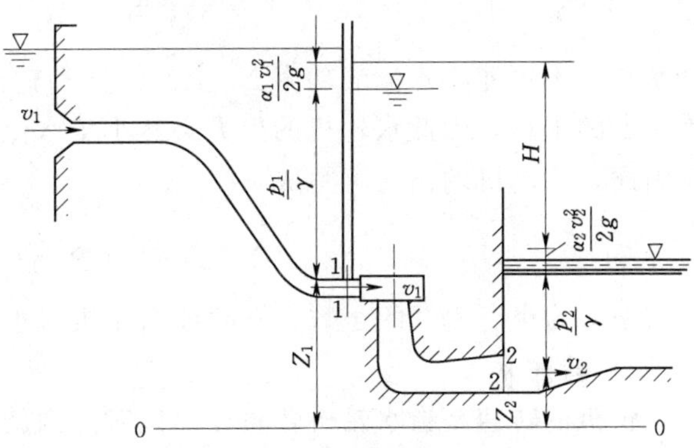

图 2－21　水轮机的工作水头

将水轮机进口断面（1—1 断面）与出口断面（2—2 断面）的单位能量差，定义为水轮机的工作水头，即

$$H=\left(Z_1+\frac{p_1}{\gamma}+\frac{\alpha_1 v_1^2}{2g}\right)-\left(Z_2+\frac{p_2}{\gamma}+\frac{\alpha_2 v_2^2}{2g}\right) \tag{2-1}$$

式中　H——水轮机的工作水头，m；

v_1——进口断面的平均流速，m/s；

v_2——出口断面的平均流速，m/s；

α_1——进口断面动能不均匀系数；

α_2——出口断面动能不均匀系数；

p_1——进口断面处的压强，Pa；

p_2——出口断面处的压强，Pa；

g——重力加速度，m/s^2；

γ——水的容重，$\gamma=9.81kN/m^3$；

Z_1、Z_2——进、出口断面相对于基准面的位置高度，m。

水电站的装置水头亦称毛水头 H_g，即水电站上、下游水位差。因此，水轮机的工作水头（净水头）等于电站毛水头 H_g 减去引水系统的水头损失 h_w，即：$H=H_w-h_w$，单位为 m。

水轮机的工作水头是水轮机的重要工作参数，它的大小表征水轮机利用水流单位能量的多少，它影响水电站的开发方式、机组类型和经济效益等。在水轮机的工作过程中，工作水头是不断变化的，它有几个特征水头值。

水轮机的额定水头，是水轮机以额定转速运转时输出额定功率所必需的最小水头。

水轮机的设计水头 H_r，是水轮机最优效率下的水头。

水轮机的最大水头 H_{max}，是水轮机运行中允许的最大工作水头。

水轮机的最小水头 H_{min}，是保证水轮机稳定运行的最小工作水头。

（二）流量 Q

水轮机的流量是指单位时间内通过水轮机的水流体积，其代表符号为 Q，单位为 m^3/s。水轮机的额定流量，是水轮机在额定水头、额定转速下输出的额定功率所需的流量。

（三）出力 N 和效率 η

单位时间内水轮机主轴所输出的功称为水轮机的功率。功率也称出力，用 N 表示，单位为 kW。具有一定水头和流量的水流通过水轮机时，水流的出力为

$$N_s=9.81QH \quad (kW) \tag{2-2}$$

水轮机不可能将水流的功率 N_s 全部转换和输出。由于水轮机在能量转换的过程中，会产生一定的损耗，因此水轮机的出力必然小于水流的出力。

因此，水轮机的出力可写成

$$N=N_s\eta=9.81QH\eta \quad (kW) \tag{2-3}$$

效率 η 为小于 1.0 的正数，它表征水轮机对水流能量的有效利用程度。

（四）转速 n

水轮机的转速是指水轮机转轮在单位时间内旋转的次数，用 n 表示，单位为 r/min。当水轮机主轴和发电机主轴采用直接联结时，其额定转速应满足下列关系式：

$$n=60f/p \quad (r/min) \tag{2-4}$$

式中 f——电流频率，我国规定为 50Hz；

p——发电机的磁极对数。

因而水轮机的固定转数为

$$n_0 = \frac{30000}{p} \quad (r/min) \tag{2-5}$$

二、水轮机产品型号表示方法

我国水轮机产品型号由三部分组成，各部分之间用短横线“-”相连。

(1) 第一部分表示水轮机型式和转轮型号（比转速代号），水轮机型式用两个汉语拼音字母表示，各种型式水轮机的规定代表符号见表 2-1。转轮型号用阿拉伯数字表示，采用统一规定（效率为 88%时）的比转速。

表 2-1　水轮机型式的代表符号

水轮机型式	代表符号	水轮机型式	代表符号
混流式	HL	贯流转桨式	GZ
轴流转桨式	ZZ	水斗式	CJ
轴流定桨式	ZD	双击式	SJ
斜流式	XL	斜击式	XJ
贯流定桨式	GD		

注　在水轮机型式代表符号后加“N”，表示可逆式水轮机。

(2) 第二部分由两个汉语拼音字母组成，前一个字母表示水轮机主轴的布置型式，后一个字母表示引水室特征，主轴布置型式和引水室特征的代表符号见表 2-2。

表 2-2　主轴布置型式与引水室特征代表符号

名　称	代表符号	名　称	代表符号
立轴	L	罐式	G
卧轴	W	灯泡式	P
斜轴	X	竖井式	S
金属蜗壳	J	虹吸式	X

(3) 第三部分为水轮机转轮的标称直径 D_1 (cm) 或其他必要的指标。水轮机转轮的标称直径表征转轮的主要几何尺寸，用 D_1 表示，以 cm 计。不同类型转轮的标称直径 D_1 如图 2-22 所示。

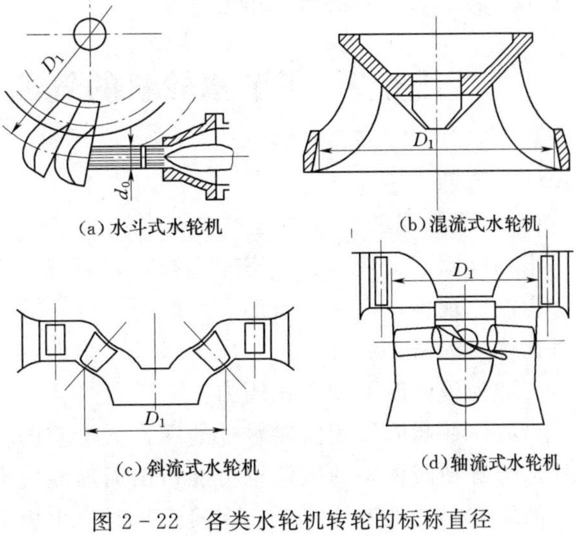

图 2-22　各类水轮机转轮的标称直径

水斗式水轮机转轮的标称直径 D_1 指转轮与射流中心线相切处的节圆直径。

混流式水轮机转轮的标称直径 D_1 指转轮叶片进口边的最大直径。

轴流式水轮机和斜流式水轮机转轮的标称直径 D_1 指与转轮叶片轴线相交处的转轮室内径。

反击式水轮机转轮直径尺寸系列（以 cm 计）如下，括号内尺寸仅适用于轴流式：25、30、35、(40)、42、50、60、71、(80)、84、100、120、140、160、180、200、225、250、275、300、330、380、410、450、500、550、600、650、700、750、800、850、900、950、1000、(1020)、(1130)。

由于不同的水电站其基本参数各不相同，随着水轮机设计制造技术的不断发展，越来越多的水电站工程采用了上述转轮直径尺寸系列之外的特殊尺寸，以得到更优的发电效益。

水斗式水轮机型号第三部分表示方法如下：

$$\frac{\text{水轮机转轮标称直径 } D_1(\text{cm})}{\text{作用在每个转轮上的喷嘴数}\times\text{设计射流直径(cm)}}$$

三、型号表示示例

(1) HL180－LJ－410 表示混流式水轮机，转轮型号 180，立轴，金属蜗壳，转轮标称直径为 410cm。

(2) ZZ560－LH－1130 表示轴流转桨式水轮机，转轮型号 560，立轴，混凝土蜗壳，转轮标称直径 1130cm。

(3) XLN200－LJ－300 表示斜流可逆式水轮机，转轮型号 200，立轴，金属蜗壳，转轮标称直径 300cm。

(4) GD600－WP－250 表示贯流定桨式水轮机，转轮型号 600，卧轴，灯泡式引水室，转轮标称直径 250cm。

采用统一的水轮机型号编制规则，有利于转轮型谱的制定，有利于水轮机产品的标准化、系列化和通用化。

对暂未列入型谱的转轮，则采用厂家代号和序号来表示，如 A 代表哈尔滨电机厂，D 代表东方电机厂，T 代表天津发电设备厂，J 代表金华水轮机厂等，例如 H LA006、HLD003 等。

另外，在部标颁发以前，主要是沿用苏联的代号，表示方法大体相同，但第一部分中的转轮型号所表示的阿拉伯数字是模型转轮的编号，不是比转速代号，如 HL123－LJ－225，其中 123 表示该转轮的模型编号。

任务3 了解水轮机的气蚀、吸出高度和安装高程

一、气蚀

(一) 气蚀现象

水可以固态、液态、气态三态存在，而三态之间可以转化，当液态水转化为气态水时通常称为汽化现象。汽化现象的产生既与水温有关，也与压力有关。压力一定，温度升高产生的汽化称为沸腾；温度一定，压力降低产生的汽化称为空化。水在某一温度下开始汽化的临界压力称为该温度下的汽化压力。

当液体在与固体表面接触处的压力低于它的汽化压力时，将在固体表面附近形成气泡。另外，溶解在液体中的气体也可能析出而形成气泡。随后，当气泡流动到液体压力超过气泡压力的地方时，气泡便溃灭，在溃灭瞬时产生极大的冲击力和高温。固体表面经受这种冲击力的多次反复作用，材料发生疲劳脱落，使表面出现小凹坑，进而发展成海绵状。严重的气

蚀可在表面形成大片的凹坑，深度可达 20mm，如图 2－23 所示。

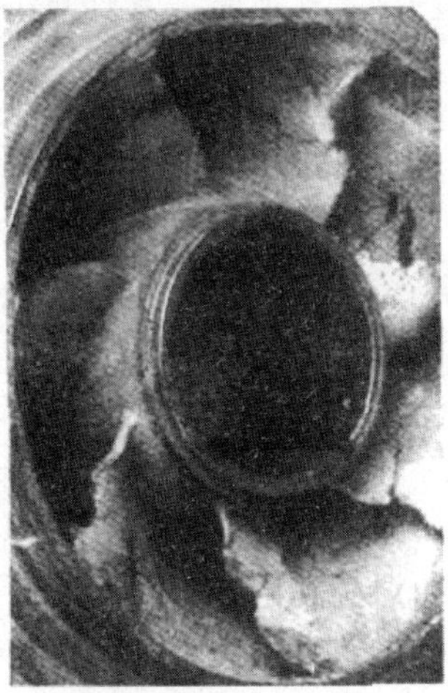

图 2－23　水轮机的气蚀

气蚀指液体流动中形成的气泡破灭时对零件表面不断冲击而引起的一种磨损，又称空蚀。通常发生在水泵零件、水轮机叶片和船舶螺旋桨等表面。

（二）气蚀的危害

气蚀对水轮机主要有下列危害：

（1）降低水轮机效率，减小出力。

（2）破坏水轮机过流部件，影响机组寿命。气蚀的产生，使金属表面失去光泽，产生麻点、蜂窝，严重时转轮叶片上产生孔洞或大面积剥落。

（3）产生强烈的噪声和振动，恶化工作环境，从而影响水轮机的安全稳定运行。

气蚀破坏是机械、化学、电化学共同作用的结果，其中以机械破坏为主。

（三）气蚀类型

根据气蚀产生部位和机理的不同，气蚀可分为翼型气蚀、间隙气蚀、空腔气蚀、局部气蚀四种类型。

（四）水轮机气蚀的防护

为防止和减轻气蚀对水轮机的危害，一般从以下几个方面来考虑。

1. 设计制造方面

合理设计叶片形状、数目，使叶片具有平滑流线；尽可能使叶片背面压力分布均匀，减小低压区；提高加工工艺水平，减小叶片表面粗糙度；采用耐气蚀性（耐磨、耐蚀）较好的材料，如不锈钢、环氧树脂等。

2. 工程措施方面

合理确定水轮机安装高程，使转轮出口处压力高于汽化压力；设置防沙、排沙设施，防止粗粒径泥沙进入水轮机，造成对水轮机部件的磨损。

3. 运行管理方面

采用合理的水电站运行方式，尽可能避免在气蚀严重的工况区运行，在发生空腔气蚀时，可在尾水管进口补气增压，破坏真空涡带的形成；对于遭受破坏的叶片，及时采用不锈钢焊条补焊，采用非金属涂层（如环氧树脂、环氧金刚砂、氯丁橡胶等）作为叶片的保护层。

二、水轮机的吸出高度

（一）气蚀系数

气蚀系数表征水轮机转轮气蚀发生条件，用以表示水轮机气蚀性能的指标，其值等于空化开始发生时的水轮机净吸出水头与水头之比值。

（二）吸出高度

水轮机的吸出高度是指转轮中压力最低点（k）到下游水面的垂直距离，常用 H_s 表示，

如图 2-24 所示。其计算公式为

$$H_s \leqslant 10 - \frac{\nabla}{900} - (\sigma + \Delta\sigma) H \tag{2-6}$$

式中　∇——水轮机安装地点的海拔高程，m，可取下游尾水位平均高程；

σ——气蚀系数，可由该水轮机模型综合曲线中查取。

$\Delta\sigma$ 为气蚀系数修正值，$\Delta\sigma$ 与设计水头有关，可由图 2-25 查得；H_s 有正负之分，当压力最低点位于下游水位以上时，H_s 为正，压力最低点位于下游水位以下时，H_s 为负。

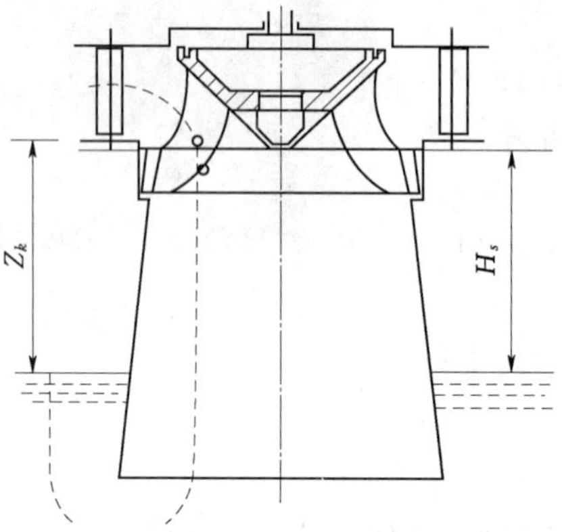

图 2-24　吸出高度示意图

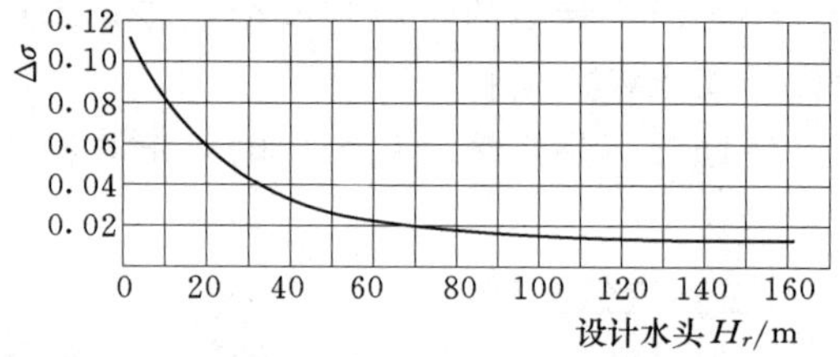

图 2-25　气蚀系数修正值 $\Delta\sigma$ 与设计水头 H_r 的关系曲线

吸出高度 H_s 本应从转轮中压力最低点算起，但在实践中很难确定此点的准确位置，为统一起见，工程上对不同型式水轮机的 H_s 做如下规定：

(1) 立轴轴流式水轮机，H_s 为下游水面至叶片转动中心的距离。

(2) 立轴混流式水轮机，H_s 为下游水面至导叶下部底环平面的垂直高度。

(3) 立轴斜流式水轮机，H_s 为下游水面至叶片旋转轴线与转轮室内表面相交点的垂直距离。

(4) 卧轴混流式、贯流式水轮机，H_s 为下游水面至叶片最高点的垂直高度。

三、水轮机的安装高程

水轮机规定作为安装基准的某一平面的海拔高程称为水轮机安装高程。一般情况下，其由水轮机各种工况下允许吸出高度值和相应尾水位确定；地下厂房机组的安装高程还取决于与水电站水力过渡过程有关的参数，对导叶关闭规律的优化，以及调压室型式和尺寸的选取等有着重要的影响。

作为水电站厂房设计中的控制性高程，水轮机安装高程直接影响着水电站土建施工开挖工程量和水轮机运行的气蚀性能，进而影响水电站建设和运行维护的经济成本。因此，水电站水轮机的安装高程需根据机组的运行条件、尾水位与流量关系特性、尾水管出口的淹没深度等要求，经过技术经济比较后确定。对于不同类型、不同安装方式的水轮机，工程上规定的基准面不同。立轴轴流式和混流式水轮机安装高程是指导叶高度中心面高程，卧轴混流式和贯流式水轮机安装高程指主轴中心线所在水平面高程。

各种不同型式水轮机的吸出高度和安装高程如图 2-26 所示。

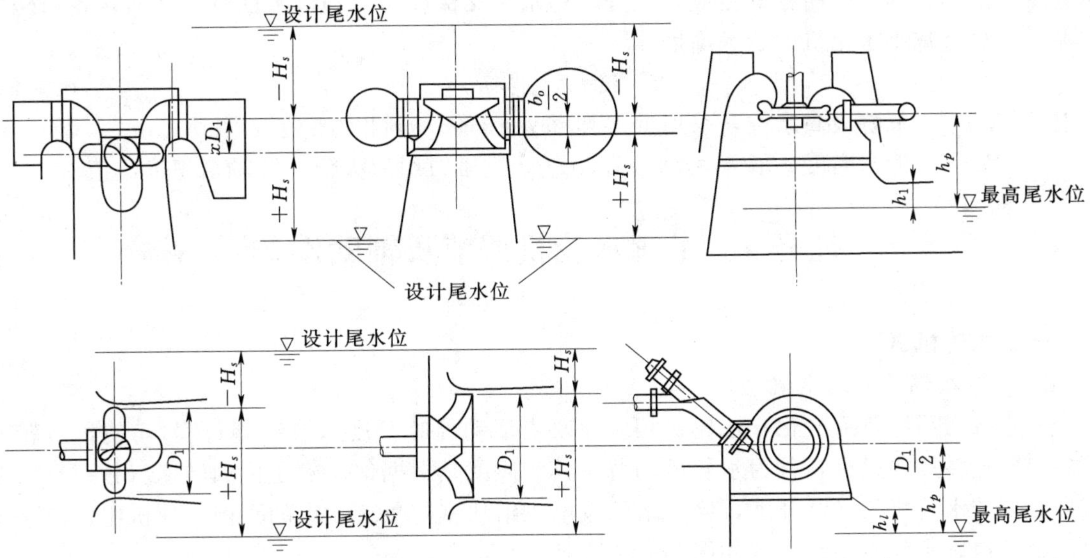

图 2-26　不同型式水轮机的吸出高度和安装高程示意图

1. 设计尾水位

确定水轮机安装高程的尾水位通常称为设计尾水位。设计尾水位可根据水轮机的过流量从下游水位与流量关系曲线中查得。一般情况下，水轮机的过流量可按电站装机台数确定，参见表 2-3。

表 2-3　确定设计尾水位的水轮机过流量

电站装机台数	水轮机过流量
1～2 台	1 台水轮机 50%的额定流量
3～4 台	1 台水轮机的额定流量
5 台以上	1.5～2 台水轮机的额定流量

2. 反击式水轮机安装高程确定

（1）立轴混流式水轮机：

$$Z_s = Z_a + H_s + \frac{b_0}{2} \tag{2-7}$$

式中　Z_s——安装高程，m；

Z_a——下游尾水位，m；

H_s——吸出高度，m；

b_0——导叶高度，m。

（2）立轴轴流式和斜流式水轮机：

$$Z_s = Z_a + H_s + XD_1 \tag{2-8}$$

式中　X——结构系数，转轮中心与导叶中心距离和 D_1 的比值，一般取 $X=0.38～0.46$；

D_1——转轮标称直径，m；

Z_s、Z_a、H_s 意义同上。

（3）卧轴混流式和贯流式水轮机：

$$Z_s = Z_a + H_s - \frac{D_1}{2} \tag{2-9}$$

3. 冲击式水轮机安装高程确定

冲击式水轮机无尾水管，除喷嘴、针阀和斗叶处可能产生间隙气蚀外，不产生翼型气蚀和空腔气蚀，故其安装高程确定应在充分利用水头又保证通风和落水回溅不妨碍转轮运转的前提下，尽量减小水轮机的泄水高度 h_p。

$$Z_s = Z_{a\max} + h_p \tag{2-10}$$

式中 $Z_{a\max}$——下游最高水位，采用洪水频率 $p=2\%\sim5\%$ 相应的下游水位，m；

h_p——泄水高度，取 $h_p \approx (1\sim1.5)D_1$，立轴机组取大值，卧轴机组取小值。

任务4 了解水轮机调节及辅助设备

一、水轮机调节

1. 水轮机调节的基本概念

随着电力系统负荷变化，水轮机相应地改变活动导叶开度（或针阀行程），使机组转速保持为额定转速的过程，称为水轮机调节，其实质就是根据偏离额定值的转速（频率）偏差信号，调节水轮机的导叶开度，维持水轮发电机组功率与负荷功率的平衡，使机组转速保持为额定转速。水轮机活动导叶如图 2-27 所示。

2. 水轮机调节的基本任务

调节流入水轮机流量的大小，使机组出力与外界负荷相适应，保证机组在额定转速下运行，从而保证机组发出的电流频率满足电力系统的要求。

图 2-27 水轮机活动导叶

图 2-28 组合式调速器

二、水轮机调速设备的组成

每台机组装设一套调速设备，根据电力系统要求自动调整机组的出力，同时使机组保持一定的额定转速。调整设备一般由三部分组成：调速柜、接力器、油压装置。中小型水轮机调速器的这三部分通常组成一个整体，也称为组合式，如图 2-28 所示。组合式调速器结构紧凑，便于布置和安装，运行上也比较方便。大型水轮机调速器的油压装置和接力器尺寸均较大，采用分体式。

1. 调速柜

调速柜通常由测量元件、放大元件、反馈元件集成在一起，具有数据采集和数据处理功能。如果是微机调速器，其中还装有微型计算机。调速柜的面板上设置有按钮和键盘，在水轮机安装和检修期间，用于调整相关参数。水轮发电机组正常运行时，调速器自动工作。改变运行方式以及开机或关机等操作，通常是通过中央控制室控制台上的按钮或计算机键盘完成的，而无需在调速柜上直接操作。因作用筒多布置在机墩的上游侧，所以调速柜也多布置在发电机的上游侧。

2. 接力器

接力器是调速器的执行元件，用调速功（工作油压与活塞面积的乘积）来表示其操作能力。为了工作平稳和获得较大的调速功，大中型水电站每台机组通常设置有两个或两个以上的接力器。因蜗壳上游断面尺寸较小，为减小厂房宽度，接力器一般布置在机墩内。

3. 油压装置

油压装置由压力油罐、回油箱和油泵组成。油罐内油压为 2.5～6.3MPa，供推动活塞用。油压靠压缩空气维持，所以油桶内上部为压缩空气。工作后的油回到回油箱，罐内油量不足时，由油泵将回油箱中的油打入罐内。油泵一般为两台，一台工作，一台备用。随着水电站机电技术的发展，一种带高压储气囊的高油压组合式调速器得到广泛应用，其额定油压一般为 160MPa。

三、调速设备的工作原理

以机械液压式调速器为例来介绍调速设备的工作原理，如图 2-29 所示。

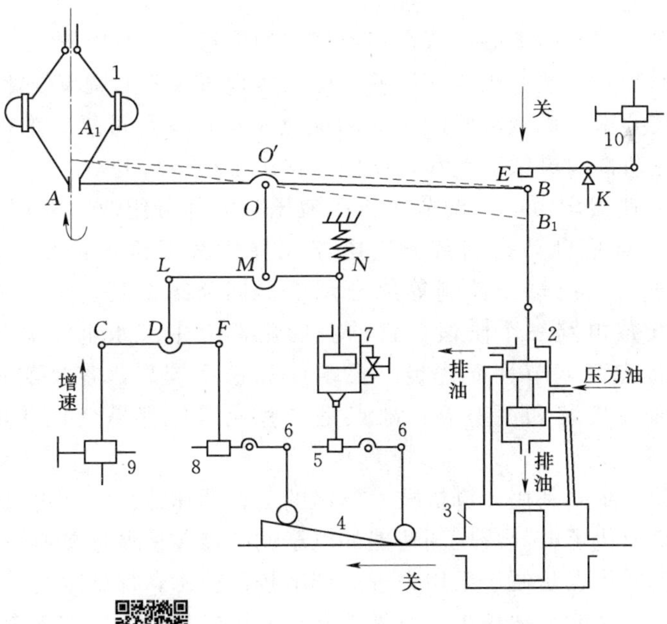

图 2-29　调速器工作原理示意图

1—飞摆；2—主配压阀；3—接力器；4—斜块；5—软反馈整定装置；6—框架转轴；7—缓冲器；8—硬反馈整定装置；9—转速调整机构；10—开度限制机构

机械液压式调速器主要由离心飞摆、配压阀、接力器、缓冲器、反馈系统等组成。转速稳定时，飞摆转速稳定，其下端点在 A 处，主配压阀 2 的活塞杆端点位于 B，其两活塞封住通向接力器 3 两端的油口，接力器不工作，此为初始平衡状态。当机组转速变化时，调速器开始工作。如负荷减小，转速增加，飞摆离心力加大，飞摆外张，下端到 A_1 点，AOB 杆转到 A_1OB_1 位置，使主配压阀活塞下移，接力器右腔与压力油路相通，左腔与排油管相通，接力器活塞左移关闭导水机构，入流量减小，水轮机转速下降。飞摆为测速元件，配压阀为放大元件，接力器为执行元件。

在调速器中仅有上述三个元件是不完善的，由于惯性的作用会形成过调，为改善过调，还应设反馈机构 8。当接力器左移关闭时，活塞杆推动斜块 4 左移，使 8 上移，若 C 点不动，D 点则上移，使 LMN 杆绕 N 点顺时针转动，M 点上移，O 点移到 O' 点，使 AOB 杆占据 $A_1O'B$ 位置，主配压阀恢复中间位置，不向接力器供油，接力器停止动作，避免过调现象。此时虽然接力器停止工作，但 4 点、O 点分居于 A_1、O' 位置，机组转速稍高于调节前的转速，调节前后转速有偏差，它有利于机组合理稳定地担负电力系统分配的负荷。

机组正常运行时，有时需要人为地改变机组的转速和负荷，以完成同期并列和增减负荷，故还设有转速调整机构 9。L 点除由 8 控制外，还可由 C 点控制，C 点由 9 来调整，也可由人工操作。10 为开度限制机构，可开、停机。

四、调速器的类型与选择

1. 调速器的类型

根据结构及工作原理不同，调速器可分为机械液压调速器、电气液压调速器和微机调速器三种类型。

（1）机械液压调速器。用离心摆获得转速偏差的信息，以液压放大系统进行功率放大来操作水轮机导叶的启闭，以缓冲机构和调差机构来实现所需要的调节规律。其性能可以满足大中型水电站运行的要求。机械液压调速器的优点是运行安全可靠、维护方便、原理简单，缺点是机构复杂、造价高、灵敏度差和精度低，常用于小型水电站。

（2）电气液压调速器。由电气调节和机械液压两大部分组成，并用电液转换器将这两部分联系起来。其特点是自动控制部分用电器元件代替了机械液压调速器的机械元件，即调速器的测量、放大、反馈、控制等部分用电器回路来实现。电气液压调速器经历了电子管、晶体管、集成电路三个阶段。目前我国新建大中型水电站开始使用集成电路电气液压调速器，其优点是调节性能优良，灵敏度和精度较高，容易实现各个控制信号的综合，成本较低，便于安装和调整等；缺点是一些元器件容易老化并可能出现零点漂移和容易受外界干扰等。

（3）微机调速器。主要利用计算机技术研制的新型调速器。它和电气液压调速器的区别是用工业控制计算机取代了电气液压调速器的电子调节器，使调速器有更多的控制功能，实现更高的控制策略。其优点是便于采用先进的调节控制技术，保证水能及系统优良的静、动特性，进一步增加控制功能，体积小，可靠性高，便于维护，便于实现全厂或电站群的综合控制，从而提高水电站的自动化水平。

调速功是衡量调速器操作能力大小的指标，也是调速器型号的标志性参数。调速器根据容量和调速功的大小，分为大型、中型、小型和特小型。

2. 调速器的选择与系列

调速器类型选择主要根据水轮机类型确定选用单调节或双调节调速器；再根据水电站容量和在电网中的作用，确定用微机调速器（电气液压调速器已逐步被微机调速器取代）和机械液压调速器。选择调速器工作容量时应留有余地，即所选调速器的工作容量必须大于计算的调速功。

在微机调速器出现以前，我国曾制定了反击式水轮机调速器系列型谱（表2-4）。调速器的型号由三部分组成，各部分用短横线分开。

第一部分用来表明调速器的基本特性和类型，采用汉语拼音的第一个字母表示：大型（无代号），中型带油压装置（Y）；机械液压式（无代号），电气液压式（D）；单调（无代号），双调（S）；调速器（T）。

表2-4　反击式水轮机调速器系列型谱

调速器类型		分离式	组合式			分离式
		大型	大型	中型	小型	特小型
单调节调速器	机械液压式	T-100	YT-1800 YT-3000	YT-300 YT-600 YT-1000	YTT-35 YTT-75 YTT-150 YTT-300	TT-35 TT-75 TT-150 TT-300
	电气液压式	DT-80 DT-100 DT-150	YDT-1800 YDT-3000			
双调节调速器	机械液压式	ST-80 ST-100 ST-150				
	电气液压式	DST-80 DST-100 DST-150 DST-200				

第二部分为调速器工作容量，用阿拉伯数字表示：对于中小型调速器是指主接力器工作容量（kgf·m），对于大型调速器是指主配压阀的直径（mm）；字母A、B、C、D、…表示改型标记。

第三部分表示调速器的额定油压，也采用阿拉伯数字。为简便起见，对额定工作油压为25kgf/cm^2（约2.5MPa）及以下者不加表示，而对额定油压较高者则用油压数值表示。

型号示例：

（1）YT-3000表示中型带油压装置的机械液压单调节调速器，其接力器工作容量为3000kgf·m。

（2）DST-100A-40表示大型电气液压双调节调速器，主配压阀直径为100mm，经第一次改型后的产品，额定工作油压为40kgf/cm^2（约4.0MPa）。

五、水电站油系统

在水电站中，机组调节系统工作时，能量的传递和机组转动部分的润滑与散热等，一般都是用油做介质来完成的，油系统是为水电站用油设备服务的。

（一）油的作用

1. 透平油的作用

（1）在机组轴承中与轴瓦间进行润滑。

（2）利用冷却水在油中循环带走轴承热量的方法对轴瓦进行散热。

（3）在调速器与球阀控制中进行力矩的传递。

2. 绝缘油的作用

（1）绝缘。对变压器线圈和线圈之间、线圈和铁芯之间、线圈和外壳之间进行绝缘。

（2）散热。变压器油受热后产生对流，对变压器的线圈和铁芯进行散热。

（3）防腐。变压器油还能使木材、纸等绝缘材料保持原有的化学和物理性能，并且有对金属的防腐作用。

（4）熄灭电弧。

（二）油的基本性质及其对运行的影响

1. 黏度

当液体质点受外力作用而相对移动时，在液体分子间产生的阻力称为黏度，即液体的内摩擦力。

2. 凝固点

油品刚刚失去流动性时的温度称为凝固点。

3. 水分

油中水分的来源，一是外界侵入，二是油氧化而生成的。油中含有水分会助长有机酸的腐蚀能力，加速油的劣化，使油的性能降低。

4. 绝缘强度

在绝缘油中放一对电极，并施加电压，当电压升高到一定数值时，电流突然增大产生火花，这便是绝缘油的击穿，这个开始击穿的电压称为击穿电压。通常，电力设备的绝缘强度用击穿电压表示，而绝缘材料的绝缘强度是用平均击穿电场强度，简称击穿场强度来表示。击穿场强度在数值上等于在规定的试验条件下，发生的击穿电压除以施加电压两极间的距离。绝缘强度是保证设备安全运行的重要指标。

六、水电站压缩空气系统

（一）压缩空气系统的组成及布置

压缩空气系统的组成有空压机、储气罐、输气管、测量控制元件。

厂房内有高低压系统。空压机室一般布置在水轮机层、安装间的下面，其噪声很大，要远离中央控制室，并满足防火防爆要求。

（二）压缩空气系统的作用

空气具有极好的弹性（即可压缩性），经压缩后，是储存压力能的良好介质。压缩空气使用方便、安全可靠，易于储存和运输，因此在水电站得到了广泛应用，无论是在机组运行中还是在检修和安装过程中，均需使用压缩空气。

压缩空气系统在水电站中的应用主要有以下几个方面：

（1）水轮机调节系统及进水阀操作系统的油压装置用气。

（2）机组停机时制动用气。

（3）机组调相运行时转轮室充气压水及补气。

(4) 维护检修及吹污清扫用气。

(5) 水轮机主轴检修密封及进水阀空气围带用气。

(6) 机组轴承气封、发电机封闭母线正压用气。

(7) 水轮机尾水管强迫补气用气。

(8) 灯泡贯流式机组发电机舱密闭增压散热用气。

(9) 水泵水轮机压水调相和水泵工况压水启动用气。

(10) 配电装置、发电机空气断路器用气。

(11) 在寒冷地区闸门、拦污栅等处防冻吹冰用气。

七、水电站水系统

(一) 供水系统

1. 供水对象及要求

水电站厂房内的供水系统包括技术供水、生活供水、消防供水。技术供水包括冷却及润滑用水，如发电机的空气冷却器、机组导轴承和推力轴承的油冷却器、水润滑导轴承、空压机气缸冷却器、变压器的冷却设备等用水。耗水量最大的是发电机和变压器的冷却用水，可达技术用水的 80%左右，要求水质清洁、不含对管道和设备有害的化学成分。

2. 供水系统布置及供水方式

一般供水系统是从压力水管、上游水库、下游水泵和地下水源取水的。供水系统由水源、供水设备、水处理设备、管网和测量控制元件组成。管路应尽可能靠近机组，以缩短管线并减少水头损失。供水泵房应布置在水轮机层或以下的洞室内。为保证水质，用水管把水引向过滤设备，经过滤后再分配用水。

供水方式有以下几种：

(1) 水泵供水。当水电站的水头太低（水压力不够）或太高（需要减压设备）时采用此方式供水。

(2) 自流供水。适用于水头为 15～70m 的水电站，但当水头大于 70m 时需要减压设备。坝后式厂房从水库引水，引水式厂房从压力水管引水。

(3) 混合式供水。水电站水头变化较大时采用此方式，高水头用自流方式，低水头用水泵。

消防用水要求水流能喷射到建筑物的最高部位，水量一般需根据消防专用规范确定。消防用水可从上游压力水管、下游尾水渠或生活用水的水塔取水，并且应设置两个水源。

生活用水根据工作人员的多少确定。

(二) 排水系统

厂房内的生活用水、技术用水、阀门或建筑物及其他设备的渗漏水，均需及时排走。发电机冷却用水等均自流排往下游。不能自流排除的用水和渗水，则集中到集水井，再用水泵排到下游，这个系统称为渗漏排水系统。

机组检修时常需要排空蜗壳和尾水管，为此需设检修排水系统。检修时，将检修机组前蝶阀或进水闸门关闭，使蜗壳及尾水管中的水自流经尾水管排往下游。当蜗壳和尾水管中的水位等于下游尾水位时，关闭尾水闸门，利用检修排水泵将余水排走。检修排水可采用下列几种方式：

(1) 集水井。各尾水管与集水井之间以管道相连，并设阀门控制，尾水管的积水可自流排入集水井，再用水泵排走。

（2）排水廊道。在厂房最低处沿纵轴线设一廊道，各尾水管的积水直接排入廊道，再用水泵排走。由于廊道体积大，尾水管中积水排除迅速，可缩短检修时间。

（3）分段排水。在每两台机组之间设集水井和水泵，担负两台机组的检修排水。

（4）移动水泵。需检修某台机组时，临时用移动水泵进行排水。

排水系统的布置要求：水泵集中装设在水泵房内，集水井设在水泵房的下层。集水井通常布置在安装间下层、厂房一端、各尾水管之间或厂房上游侧。集水井的底部高程要足够低，以便自流集水。每个集水井至少设两台水泵，一台工作，一台备用。

任务5　了解发电机及附属设备

一、发电机

（一）发电机类型及传力方式

竖轴水轮发电机就其传力方式可分为两大类。

1．悬挂式发电机

悬挂式发电机推力轴承位于转子上方，支撑在上机架上。悬挂式发电机组的转动部分（包括发电机转子、水轮机转轮、大轴和作用于转轮上的水压力）的重量，通过推力头和推力轴承传给上机架，上机架传给定子外壳，定子外壳再把力传给机墩，整个机组好像在上机架上挂着一样，因此称为悬挂式，如图2-30所示。

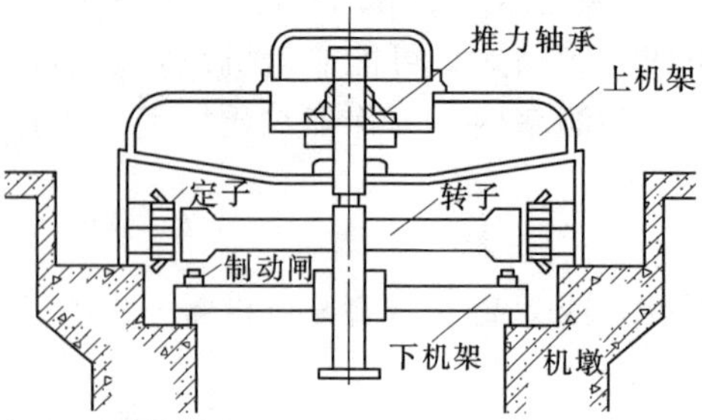

图2-30　悬挂式发电机

下机架的作用是支撑下导轴承和制动闸，下导轴承是防止摆动的。当机组停机时，需用制动闸将转子顶起，以防烧毁推力头和推力轴承。

制动闸反推力、下导轴承自重等通过下机架传给机墩。发电机楼板自重和楼板上设备重量通过通风道外壳传到机墩上。高转速的发电机多做成悬挂式的，因其转子直径小、高度大、重心高。

2．伞式发电机

伞式发电机推力轴承位于转子下方，设在下机架上。整个发电机像把伞，推力头像伞柄，转子像伞布，故称伞式发电机。

（1）普通伞式，有上下导轴承。机组转动部分的重量通过推力尖和推力轴承传给下机架，下机架再把力传给机墩。上机架只支撑上导轴承和励磁机定子。由于利用水轮机和发电机之间的轴安放推力头，上机架的高度可减小，轴长可缩短，从而降低了厂房高度。普通伞式发电机的重量比悬挂式要小，发电机转子可单独吊出，安装检修都比较方便。普通伞式发电机转子重心在推力轴承之上，重心较高，运转时容易发生摆动，应用范围受到限制。对于大容量、低转速的发电机，由于转子直径大、高度小、重心低，多做成普通伞式，如图2-31所示。

（2）半伞式，有上导轴承，无下导轴承。此种型式的发电机通常将上机架埋入发电机层地板以下，如图2-32所示。

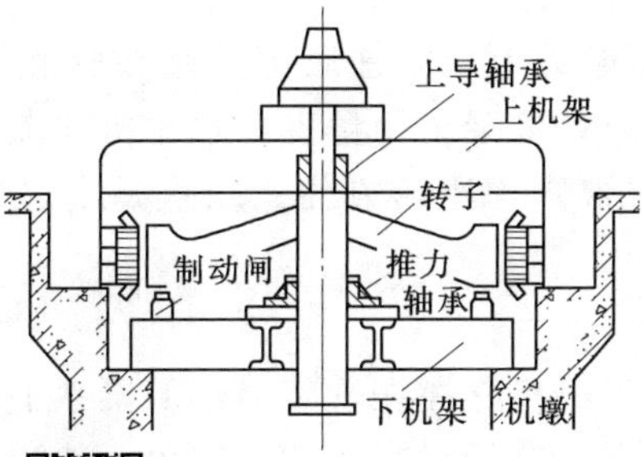

图 2-31　普通伞式发电机

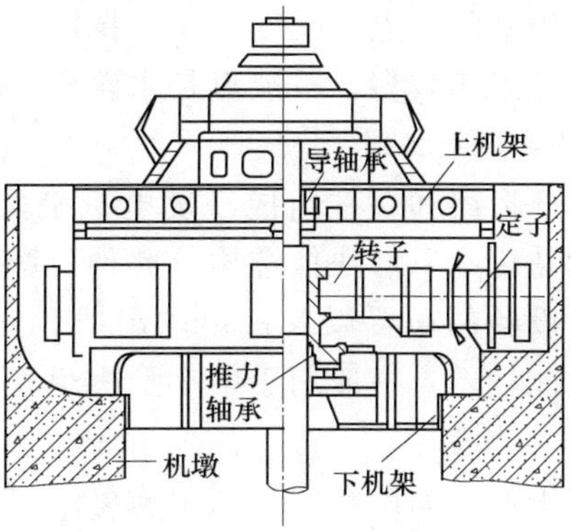

图 2-32　半伞式发电机

(3) 全伞式，无上导轴承，有下导轴承。机组转动部分的重量通过推力轴承的支撑结构传到水轮机顶盖，通过顶盖传给水轮机墩环。这种发电机的上机架仅仅支撑励磁机定子和上导轴承的重量，结构简单，尺寸小，如图 2-33 所示。下机架只支撑下导轴承和制动闸的反作用力，结构尺寸也较小。这种传力方式进一步缩短了发电机的轴长，减小了转子的重量，同时也降低了厂房的高度。

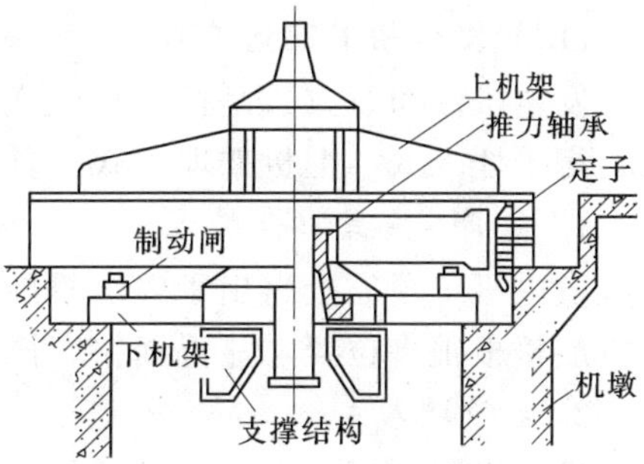

图 2-33　全伞式发电机

(二) 发电机的励磁系统

励磁系统向发电机转子供给形成磁场的直流电源，一般每台发电机都有各自独立的励磁系统。励磁系统包括励磁机和励磁盘(柜)。

1. *励磁机*

励磁机实际上是直流发电机。其励磁系统有：采用与水轮发电机同轴的励磁机的直接励磁系统；采用直流发电机，由半导体整流等非直接励磁系统。大型水轮发电机多采用静止可控硅励磁方式。

2. *励磁盘(柜)*

励磁盘(柜)是装设水轮发电机励磁回路的控制设备和自动调整装置的配电盘(柜)，其作用是控制和调整水轮发电机的励磁电流。每台发电机一般有 3～5 块励磁盘(柜)。一般布置在发电机层的上游侧或下游侧。

(三) 发电机的支撑结构(机墩)

机墩是发电机的支撑结构，其作用是将发电机支撑在预定位置上，并为机组的运行、维护、安装和检修创造条件。立式机组的机墩承受水轮发电机组的全部动、静荷载，这些荷载通过机墩传到水下混凝土。为保证机组正常运行，要求机墩具有足够的强度和刚度，同时具有良好的抗震性能，一般为钢筋混凝土结构。常见的机墩型式如下。

1. *圆筒式机墩*

其结构型式为厚壁钢筋混凝土圆筒，其壁厚在 1m 以上。外部形状可为圆形，也可为八角形。圆筒式机墩的内部空间称为水轮机井，其直径一般为 1.3～1.4 倍的转轮直径。

圆筒式机墩的优点是刚度较大，抗压、抗震、抗扭性能较好，结构简单，施工方便，我国大中型电站采用较多，其缺点是水轮机井空间狭小，水轮机的安装、维修、维护不方便。

2. 环形梁柱式机墩

机墩由环形梁和立柱组成，发电机坐落在环形梁上，立柱底部固结在蜗壳上部混凝土上，并将荷载传到下部块体结构。此种机墩的优点是混凝土用量省，水轮机顶盖处宽敞，立柱间净空对设备的布置以及机组的出线、安装、维修均比较方便；缺点是机墩刚度小，抗震、抗扭性能较差，一般用于中小型机组。

3. 框架式机墩

机墩是由两个纵向刚架和两根横梁组成的，发电机支撑在框架上部的梁系上，并由框架将荷载经蜗壳外混凝土传至下部块体结构。其优点是节约材料，施工简单，造价低，构架下面的空间便于布置管路和辅助设备，机组安装、检修都较方便；缺点是刚度更小，仅适用于小型机组。

(四) 发电机的布置方式

发电机的布置方式是按发电机与发电机层楼板的相互位置划分的，常见的有定子外露式、定子埋入式、上机架埋入式三种。

1. 定子外露式（开敞式）

发电机定子完全露出于发电机层地面以上。此种布置在大型机组中不多见，因其占去发电机层楼板很多位置，显得拥挤，同时水轮机层高度小，不便其间布置夹层。

2. 定子埋入式

发电机定子埋入发电机层楼板下机坑内。此种布置使得发电机层较宽敞，由于提高了发电机层高程，增高了水轮机层高度，可利用增设的中间层布置发电机引出线段电气设备，目前采用较多。

3. 上机架埋入式

大型机组常采用上机架埋入式布置，即发电机定子及上机架全部埋设在发电机层楼板之下，发电机层只留有励磁机。这样要增加一些厂房的高度，但发电机层较宽敞，检修场地大，有利于各种控制设备和辅助设备的布置，有可能减小厂房的宽度。

(五) 发电机的冷却与通风

发电机运行时会引起发热，如不进行冷却，会使机组效率降低甚至损坏。目前主要是依靠通风设备用冷空气冷却。发电机的通风方式与发电机的布置方式密切相关，主要有开敞式、川流式、半川流式和密闭式等四种。

小型立轴水轮发电机组采用开敞式通风，自厂房及机坑内吸入冷空气，热空气排入主机房中，适用于开敞式布置的发电机。

单机容量在10000kW以下的埋入式布置的发电机，常采用川流式或半川流式通风，冷空气由水轮机机坑内或室外进入发电机，从定子出来的热风排出厂外。

对于大容量埋入式布置的发电机，宜采用密闭式通风。定子周围设置空气冷却器，冷却器冷却后的冷风经专设风道进入转子，热风从定子送入空气冷却器冷却，循环冷却时空气量是固定的。

二、发电机附属设备

发电机的附属设备主要有主引出线、中性点设备、励磁系统、机旁盘和冷却设备等。

(一)发电机主引出线及其布置

主引出线即母线，一般采用方形的汇流铜排或铝排。由于母线价格较贵，故要求在厂房内母线长度应最短，并且是明线，没有干扰，出线要畅通，母线道应干燥，且通风散热条件好。因此，主引出线由发电机定子上的引出端接出后，通过主出线道进入母线道，经低压配电装置，最后接主变压器。主引出线一般固定在出线层天花板的母线架上，并用铁丝网围护。在主引出线上，常接有电压和电流互感器等。中性点的位置应与发电机主引出线位置错开一定角度。容量大的机组在中性点需设消弧线圈，可将它布置在机墩附近。

(二)励磁盘及其布置

励磁盘是用于控制和调整发电机励磁电流的，每机有 3～5 块，它与励磁机联系较多，故最好布置在空气比较干燥的主机房内，或布置在与发电机层同高的副厂房内。

(三)机旁盘及其布置

机旁盘一般包括机组自动操作盘、继电保护盘、测量制动盘和动力盘等，每机 3～5 块，用来监测和控制机组运行。采用电气液压式调速器时，其电气元件盘常和机旁盘并列布置在一起。机旁盘常布置在发电机层主机的侧旁。对于采用金属蜗壳的中高水头水电站厂房，机旁盘与调速器操作柜常布置在发电机层上游侧。机旁盘与厂房墙之间应有不小于 0.8m 的检修试验通道，盘面与发电机风道盖板边缘或吊物孔边缘之间应有 0.6～0.8m 的通道，以便在机组或主阀及调速器检修时，盘前仍可通行。

课 后 任 务

1. 水轮机的类型有哪些，各种类型水轮机有何优缺点？反击式和冲击式水轮机在能量转换上有何区别？
2. 反击式、冲击式水轮机的主要组成部件及作用是什么？
3. 尾水管的作用、工作原理是什么？尾水管有哪几种类型？
4. 蜗壳的作用是什么？它有几种类型？各适用于什么类型的水电站？
5. 反击式水轮机的气蚀部位有哪些？气蚀会产生什么危害，可以采取哪些防止措施？
6. 什么是水轮机的吸出高度？各型水轮机允许吸出高度和安装高程如何确定？
7. 什么是水轮机的单位流量、单位转速、单位出力和比转速？
8. 水轮机选型的基本内容及选择方法有哪些？
9. 水轮机调节的任务是什么？
10. 水轮发电机有哪些辅助设备？

项目3　水电站进水口及引水系统

学习提示

项目内容： 引水式水电站建筑物组成，进水口，引水建筑物，有压隧洞。

学习重点： 进水口的作用、类型及适用情况，动力渠道、有压隧洞的断面形状尺寸的确定方法。

学习要求： 掌握进水口的作用、类型及适用情况，了解动力渠道、有压隧洞的断面形状尺寸的确定方法。

任务1　了解无压引水式水电站建筑物

无压引水式水电站的主要特点是具有较长的无压引水道，它多修建在河道比较陡，或有较大河湾的河段上，利用比较缓的引水道来集中落差，如图3-1所示。这种水电站的建筑物一般由以下几部分组成。

图3-1　无压引水式水电站示意图

1—坝；2—溢流坝；3—进水闸；4—引水渠道；5—压力前池；6—日调节池；7—压力水管；8—厂房；9—泄水陡槽；10—开关站；11—尾水池

一、首部枢纽

首部枢纽包括拦河闸坝、冲沙闸、进水口，有时还设有沉沙池。拦河闸坝高度一般较低，河床部分多建成溢流坝以宣泄洪水。进水口多做成进水闸型式。冲沙闸建在进水闸附近，使有害泥沙不致进入引水道。在多泥沙河流上，进入引水道的泥沙由沉沙池处理后排入原河道或其他洼地。

二、引水建筑物

引水建筑物主要包括渠道、管道或隧洞。引水建筑物进口与首部枢纽的进水口相接，根据地形、地质条件，在渠道上可以设置渡槽、涵洞、倒虹管、桥梁等附属建筑物，其尾部以压力前池相连。

三、厂区枢纽

厂区枢纽主要包括压力前池、压力水管、电站厂房、尾水渠和变电配电建筑物等。压力前池的作用主要是将引水道引来的水通过压力水管分配给水轮机，并有排污、宣泄多余水量、调节水位等作用。当电站担任峰荷时，还可以设日调节池。日调节池是指设在水电站无压引水道（渠道或无压引水隧洞）上的蓄水池，它可以将一天中某些时间内由于负荷小用水量有富裕的水积存下来，以补充某些时间内由于负荷增大用水量的不足，使引水道中均衡的来水量能适应水电站一天之内不均衡负荷变化的要求。日调节池可以与压力前池结合，也可以设在压力前池附近的地方。

无压引水式水电站的优点是淹没损失小，工程简单，造价较低；但因库容很小，河流水量利用率低，综合利用效益很低。

任务2 了解无压进水口

一、无压进水口的作用和设计要求

在水利水电工程中，为了发电、工业与民用供水、灌溉、泄洪等目的，要修建进水建筑物，简称进水口。如果主要是为了发电而修建的进水口，称为水电站的进水口。

水电站进水口分为有压进水口和无压进水口两种。有压进水口位于水库水面以下，它可以单独设置，也可以和挡水建筑物结合在一起。有压进水口适合于从水位变化幅度较大的水库中取水，也称为深式进水口。无压进水口的水流具有自由表面，适用于从天然河道或水位变化不大的水库中取水。水电站进水口的功用是在规定的水位变化幅度内引进发电用水，并拦截泥沙和污物以保证水质要求。在引水系统或厂房发生事故或需要检修时，关闭闸门，截断水流。某些情况下（例如对于无压进水口），可利用闸门的不同开度调节引水流量。

进水口的设计应满足下列要求：

（1）进水流量的设计必须满足发电及其要求。

（2）水流平顺，水头损失小。

（3）设置闸门或其他节制水流的措施。

（4）设置拦污措施，在严寒地区还应采取防冰措施。

（5）在多泥沙的河流上取水，应设置拦沙与冲沙措施。

（6）满足水工建筑物的一般要求，如应有足够的强度、刚度和稳定性，结构简单，造型美观，便于施工、运行与检修。

无压进水口也称开敞式进水口，一般适用于无压引水式电站。无压进水口分为有坝进水口和无坝进水口两种。由于无坝进水口只能引用河道流量的一部分，不能充分利用河流资源，故较少采用。以下主要介绍有坝无压进水口。

二、无压进水口的位置选择

无压进水口多为低坝引水，上游没有大的水库，洪水期河道中流量、流速较大，水流挟带大量泥沙与各种漂浮物至进水口前。因此，拦沙、排沙和拦截漂浮物的问题，无压进水口较有压进水口更为突出。考虑到上述情况，无压进水口位置应该选择比较稳定的河段，并布置在河道的凹岸，如图3-2所示。由于横向环流的作用，凹岸不会形成回流，泥沙、漂浮物不易堆积，且表层水是流向凹岸的。这样可以减少进入进水口的泥沙，还可以利用进水口前的主流，将拦污栅前的漂浮物冲向下游。

当无合适的稳定河段可以利用时，可采取工程措施造成人工弯道，在布置上也可采取一些减沙排污的工程措施。图3-3为无压进水口的布置实例。

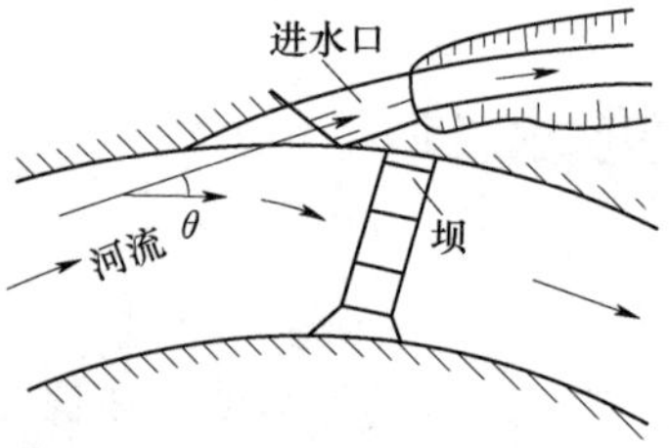

图3-2　无压进水口位置

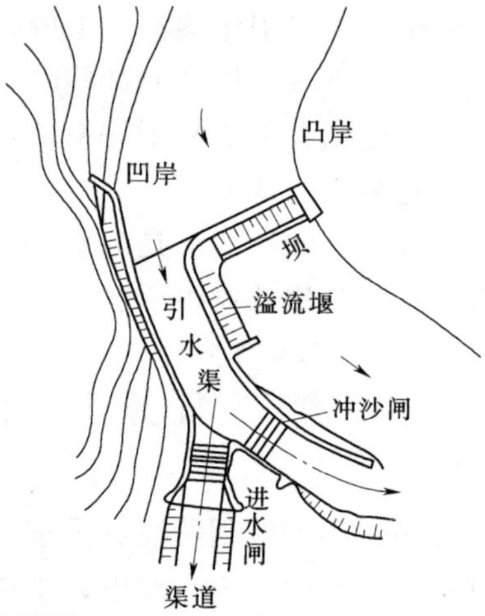

图3-3　无压进水口的布置

三、无压进水口的组成及其布置

有坝无压进水口一般由拦河低坝（或拦河闸）、进水闸、冲沙闸及沉沙池等建筑物组成。这些组成建筑物的总体布置形式多样，但都应符合水工建筑物的要求。现就防沙问题讨论一般布置原则。进水闸与冲沙闸的相对位置应以“正面进水，侧面排沙”的原则进行布置。应根据自然条件和引水流量的大小确定最佳引水角度，条件许可时应尽量减小引水角度。冲沙闸与溢流坝之间常设分水墙，以形成冲沙槽，如图3-4所示。此外，也可设置冲沙廊道，排除进口前的淤沙，如图3-5所示。冲沙廊道中的流速一般应达到4～6m/s。进水闸的底坎高程应高于冲沙闸和冲沙廊道进口的底面高程，其高差一般不宜小于1.0m，这样可防止底沙进入引水道。另外，还可以设置拦沙坎，在非洪水期，引水系数较大而河道推移质较多的情况下，防止底沙进入引水道。拦沙坎高度一般为冲沙槽设计深度的1/4～1/3，最好不小于1.0～1.5m。

为了防止悬移质泥沙淤积引水渠道，降低渠道的过水能力，并磨损水轮机转轮及导叶等过流部件，常设置沉沙池。沉沙池具有加大的过水断面和一定的长度，以减小水流的流速，并使有害泥沙沉淀在池内。沉沙池的过水断面面积取决于池中所要求的平均流速，一般为0.25～0.7m/s，视有害泥沙的粒径（一般大于0.25mm）而定。沉沙池应有需要的长度，长度不足，则有害泥沙尚未沉淀即已流出沉沙池；过长则造成工程上的浪费，通常沉沙池的

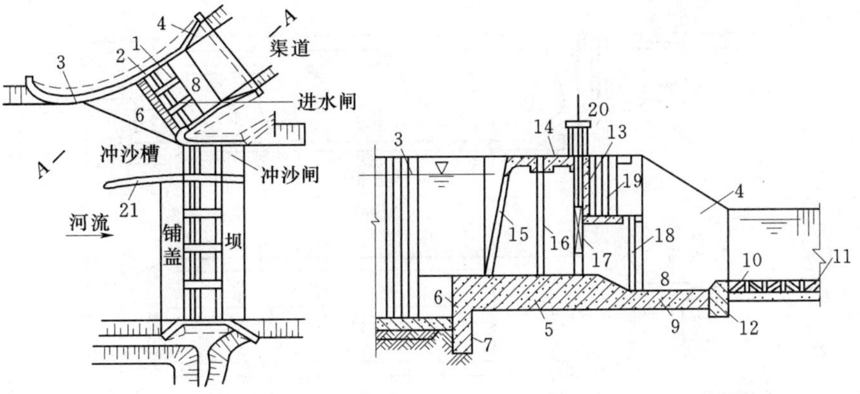

(a) 平面图　　(b) A—A 剖面

图 3-4　设有冲沙槽的进水口布置

1—闸墩；2—边墩；3—上游翼墙；4—下游翼墙；5—闸底板；6—拦沙坎；7—截水墙；8—消力池；9—护坦；10—穿孔混凝土板；11—乱石海漫；12—齿墙；13—胸墙；14—工作桥；15—拦污栅；16—检修闸门；17—工作闸门；18—下游检修闸门；19—下游闸板存放槽；20—启闭机；21—分水墙

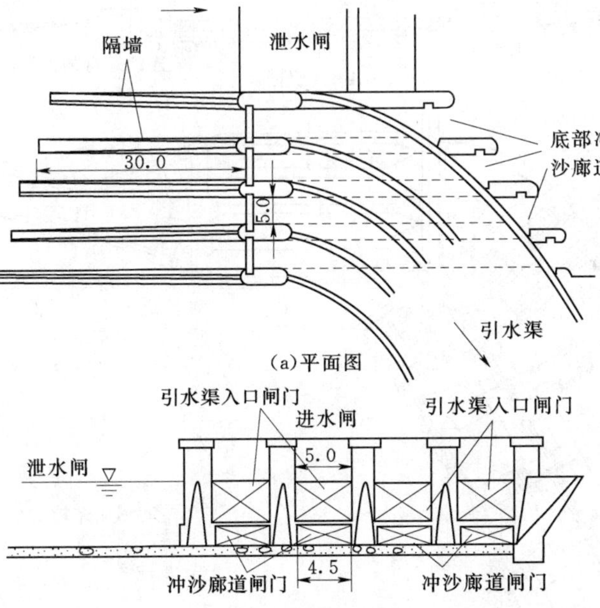

(a) 平面图

(b) 上游立视图

图 3-5　设有冲沙廊道的进水口（单位：m）

长度通过专门的计算和模型试验确定。

沉沙池中所沉积的泥沙应予排除，其排沙方式可分为连续冲沙、定期冲沙和机械排沙三种，图 3-6 所示为连续冲沙的沉沙池。沉积的泥沙由下层冲沙廊道排至下游河道。在沉沙池进口处设置了分流设备，以使池中的水流流速分配均匀，提高沉沙效果。

定期冲沙的沉沙池如图 3-7 所示，为了定期冲沙时不停止发电，可采用多室式沉沙池，各室轮流冲沙。

冲沙时多采用射流，即先关闭沉沙池进口闸门，用冲沙廊道将池水放空，然后再稍开进

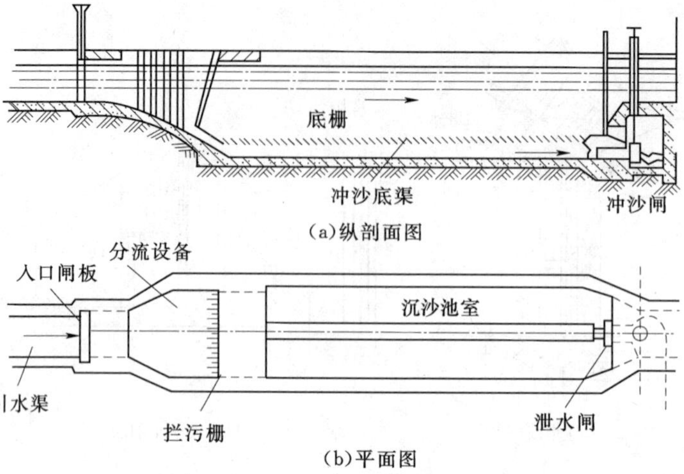

图 3-6 连续冲沙的沉沙池

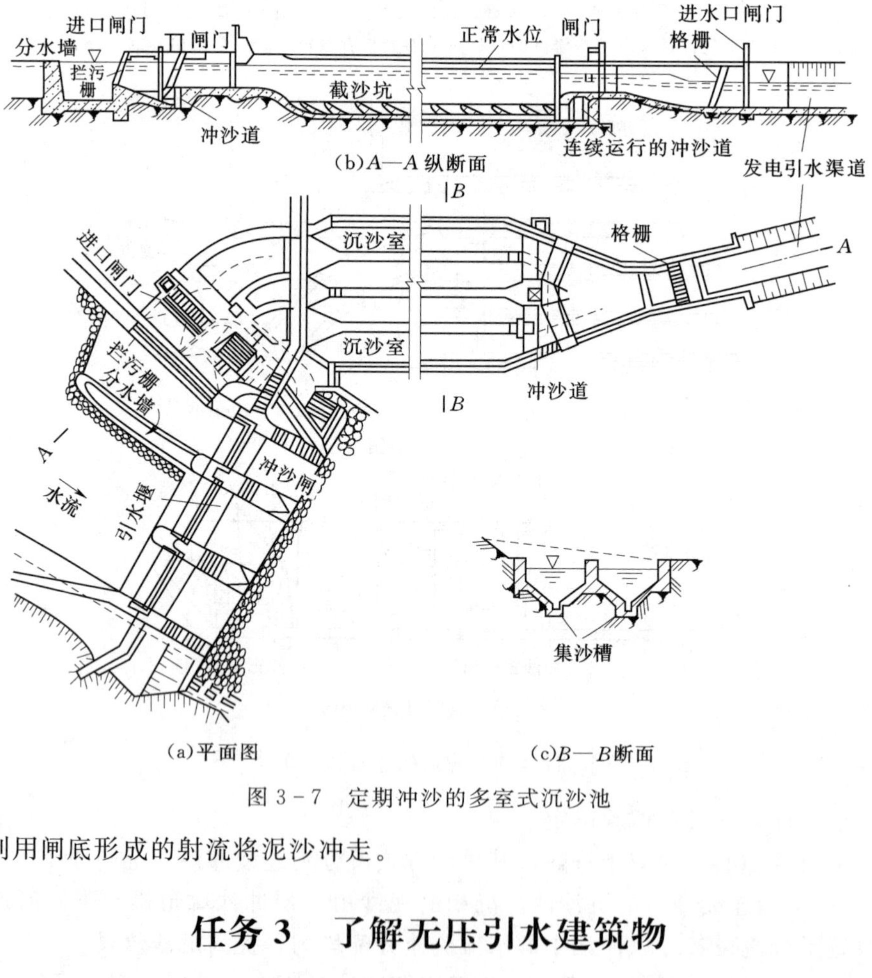

图 3-7 定期冲沙的多室式沉沙池

口闸门，利用闸底形成的射流将泥沙冲走。

任务3 了解无压引水建筑物

一、无压引水建筑物的功用和要求

水电站无压引水建筑物最常用的为渠道，在某些情况下也可采用无压引水隧洞。

引水建筑物的功用是集中落差和输送发电所需的流量，应当满足下列要求：

（1）应有足够的输水能力，并能适应发电流量的变化要求。

（2）应保证发电用水的水质符合要求，不使有害的污物和泥沙进入水轮机。对无压引水渠道，除在进水口采取工程措施外，在渠道沿线及渠末压力前池处还应再次采取拦污、防沙的工程措施。

（3）运行安全可靠。对于无压引水建筑物的引水明渠，应满足不冲、不淤、防渗、防草和防止冰冻等要求。为此，要采用必要的渠道护面，选择合理的设计流速以及防冰冻的工程措施。

（4）整个引水工程应通过技术经济比较，选择经济合理的方案，并便于施工和运行。

二、动力渠道

（一）动力渠道的类型

水电站的无压引水渠道称为动力渠道，它位于无压进水口或沉沙池之后。根据动力渠道的水力特性，可分为自动调节渠道和非自动调节渠道两种类型。

1. 自动调节渠道

自动调节渠道如图3－8所示，其主要特点是渠顶高程沿渠道全长不变，且高出渠内可能的最高水位；渠底按一定坡度逐渐降低，断面也逐渐加大；在渠末压力前池处不设泄水建筑物。根据动力渠道的运行要求，当渠中通过设计流量时，水流为恒定均匀流，水面线平行于渠底，水深为正常水深 h_0；当水电站出力减小，水轮机引用流量小于渠道设计流量时，水流为恒定非均匀流，水面形成壅水曲线，引用流量愈小，渠末水深愈大；当水电站停止工作，引用流量为零时，渠末水位与渠首水位齐平，渠道堤顶应高于渠内最高水位，避免发生漫顶溢流现象。

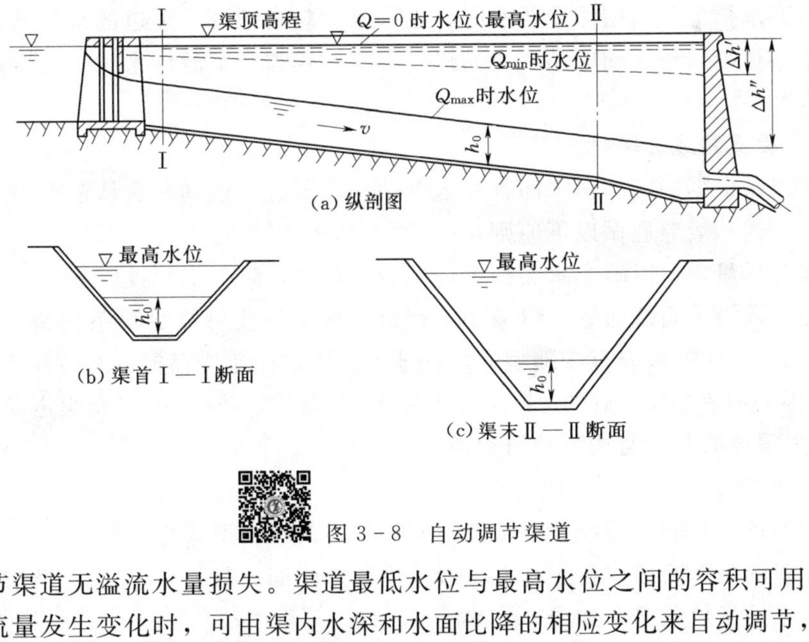

图3－8　自动调节渠道

自动调节渠道无溢流水量损失。渠道最低水位与最高水位之间的容积可用以调节水量，当电站引用流量发生变化时，可由渠内水深和水面比降的相应变化来自动调节，不必运用渠首闸门的开度来控制，故称自动调节渠道。在引用流量较小时，渠末能保持较高的水位，因而可获得较高的水头。由于渠道顶部高程沿渠线相等，故工程量较大。只有在渠线较短、地面纵坡较小时，采用自动调节渠道才可能是经济合理的。

2. 非自动调节渠道

非自动调节渠道如图 3－9 所示，其主要特点是渠顶沿渠道长度有一定的坡度，其坡度一般与渠底坡度相同。在渠末压力前池处设有泄水建筑物，一般为溢流堰，用来控制渠道水位的升高和宣泄水量。当渠道通过设计流量时，水流为恒定均匀流，渠内水深为正常水深 h_0，渠末水位略低于溢流堰顶；当水电站出力减小，引用流量小于设计流量时，渠末水位升高，超过溢流堰顶后，多余水量将通过溢流堰泄向下游；当引用流量为零时，全部流量均经溢流堰泄向下游。渠道末端的顶部高程应高于全部流量下泄时的渠末水位。

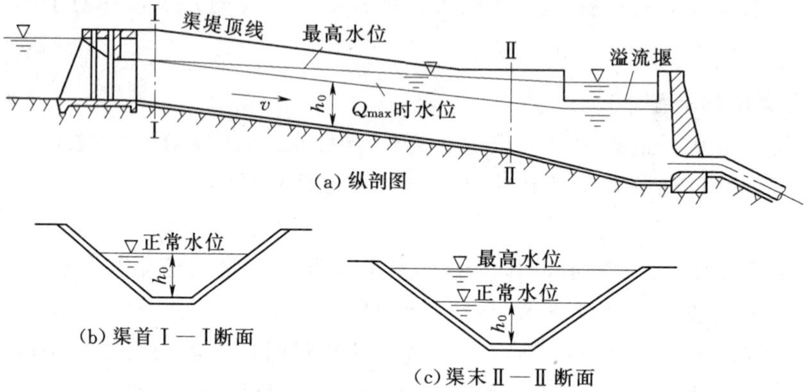

图 3－9　非自动调节渠道

为了减少无益弃水，应根据电站负荷的变化，运用渠首闸门的开度调节入渠流量。非自动调节渠道有弃水损失，引用流量较小时，渠末水位较自动调节渠道的水位低，但渠道工程量较小。对于渠道线路较长的电站或电站停止运行后仍需向下游供水时，广泛采用非自动调节渠道。

（二）动力渠道路线选择

渠道的选线是根据确定的引水高程和水电站厂房位置，选择一条从进水口至压力前池的渠道中心线。选线一般应遵循以下原则：

（1）渠线应尽量短，以减小水头损失，减少工程量，降低工程投资。

（2）渠道大致沿等高线布置，以减小工程量。根据需要可修建渠系建筑物（无压隧洞、渡槽、倒虹吸等）。在渠末应有较陡峭的倾斜地形，以利于集中落差和布置压力水管。

（3）渠线应选择在地质较好的地段。需转弯时，其转弯半径不小于 5 倍渠道设计水面宽度。

（三）动力渠道的断面型式和护面类型

1. 渠道的断面型式

由于动力渠道沿线的地形和地质条件不同，渠道的断面型式也有所不同。盘山修建的渠道多采用窄深式的矩形断面，在土基上一般采用梯形断面。另外，渠道按其建筑条件又可分为挖方渠道和半挖半填渠道，如图 3－10 所示。

渠道断面的高度等于最大水深加安全超高。渠道堤顶宽度和超高可参考表 3－1 确定，当堤坝顶有交通要求时，视需要而定。渠道边坡可根据土质条件和开挖深度或填筑高度确定，边坡系数可参考表 3－2 确定。

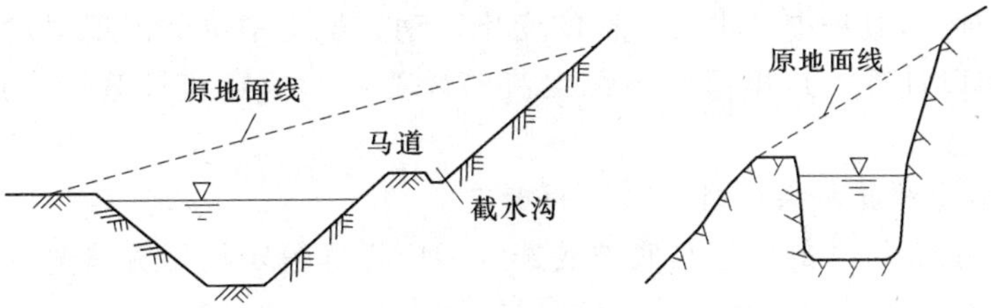

(a)挖方渠道

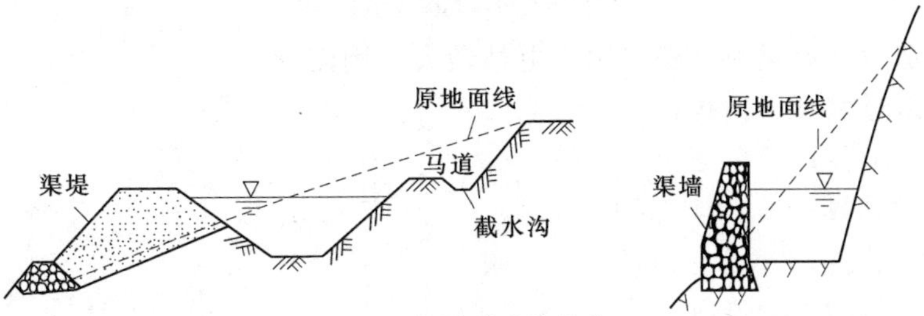

(b)半挖半填渠道

图 3-10　动力渠道断面型式

表 3-1　　**渠道超高和顶宽**

流量/(m^3/s)	50~10	10~5	5~2	2~0.5	<0.5
渠道超高/m	1.0~0.6	0.45	0.40	0.30	0.20
渠道顶宽/m	2~1.5	1.5~1.25	1.25~1.0	1.0~0.8	0.8~0.5

表 3-2　　**渠道断面边坡系数**

<table>
<tr><th colspan="2" rowspan="2">土壤种类</th><th colspan="2">$m=\cot\varphi$</th><th rowspan="2">土壤种类</th><th colspan="2">$m=\cot\varphi$</th></tr>
<tr><th>水下</th><th>水上</th><th>水下</th><th>水上</th></tr>
<tr><td colspan="2">粉沙</td><td>3~3.5</td><td>2.5</td><td>黏壤土、黄土、黏土</td><td>1.25~1.5</td><td>0.5~0.75</td></tr>
<tr><td rowspan="3">细沙</td><td rowspan="2">疏松和中等密实的细沙</td><td rowspan="2">2.0~2.5</td><td rowspan="2">2.0</td><td>卵石和砾石</td><td>1.25~1.5</td><td>1.00</td></tr>
<tr><td>半岩性的抗水性土壤</td><td>0.50~1.0</td><td>0.50</td></tr>
<tr><td>密实细沙</td><td>15~20</td><td>1.5</td><td>风化岩石</td><td>0.25~0.5</td><td>0.25</td></tr>
<tr><td colspan="2">沙壤土</td><td>1.5~2.5</td><td>1.5</td><td>未风化岩石</td><td>0.01~0.25</td><td>0.00</td></tr>
</table>

2. 渠道护面

在渠道的表面用各种材料做成的保护层称为渠道护面。护面的作用是：

(1) 减小渠道的渗漏损失，加强渠道的稳定性。

(2) 减小渠道的糙率，从而降低水头损失。

(3) 防止渠中长草和穴居动物对渠道的破坏。

渠道护面的类型根据所用材料不同，有混凝土护面，砌石护面、砾石护面、黏土和灰土护面等。

(四) 动力渠道水力计算

动力渠道水力计算的基本任务，在于确定渠道横断面尺寸和水电站在不同运行方式下动力渠道水头损失、水位、流速。渠道的横断面尺寸决定渠道的工程量，水头损失则是计算水电站净水头、出力和发电量所必需的。

在水电站的运行过程中，由于负荷的变化，动力渠道中可能出现恒定流和非恒定流两种状态，应分别加以计算。这里仅介绍恒定流的计算，非恒定流计算请参照水力学相关内容进行。

1. 均匀流水力计算与渠道断面尺寸的确定

动力渠道横断面尺寸的确定与底坡的选定，应根据恒定均匀流情况下渠道通过设计流量（一般为水电站的最大引用流量）的条件来进行。由水力学可知：

$$Q=\omega v=\omega C\sqrt{Ri} \tag{3-1}$$

式中 Q——渠道设计流量，一般采用水电站最大引用流量 Q_{max}；

ω——渠道过水断面面积；

R——水力半径；

C——谢才系数；

i——渠底坡度；

v——渠道内的平均流速。

长度为 L 的渠道，渠底坡 i 愈大，则水头损失亦愈大，从减小水头损失（即减小电能损失）的角度来看，底坡应减缓；但 i 值愈小，在渠道通过相同流量的情况下，渠道过水断面面积必将增大，工程量增加。所以，在确定动力渠道的断面尺寸和底坡时，应进行经济比较：选择若干个断面尺寸和底坡的方案，计算各个方案的一次投资和正常运行期的年运行费（不考虑折旧费），然后折算到某一基准年。计算期（一般为渠道运行期＋施工期）内总费用最小的方案即为最佳方案。在计算各方案的一次投资和运行费时，电能损失必须由替代电站发电，相应的替代电站投资和运行费应一并计入。

一般在中小型渠道设计中，可不进行上述较复杂的经济比较，而按照经济流速来确定渠道的断面尺寸和底坡。山区河流落差大，渠底坡度可采用1/1000～1/3000；平原地区河流平缓，渠底坡度可采用1/3000～1/5000。渠道的经济流速一般为1.5～2.0m/s。

在渠道设计时应首先确定渠首水位。渠首水位应是外河引水位（闸前水位）减去过闸水头损失。根据渠首所在河道断面的水位变化规律，可定出最高引水位、最低引水位和设计引水位。最高引水位是按某一防洪标准算出的相应洪水位，最低引水位是在电站运行期间可能出现的低水位，设计引水位是保证水电站正常工作所需设计流量进入渠道的外河水位。对于无坝引水，设计引水位为相应于水电站设计保证率的外河水位；对于有坝引水，设计引水位为进水闸全开时能引进设计流量的最低水位。

在进行渠道水力计算时，要注意在选择糙率系数时留有余地，要考虑到在未来运行中糙率系数增大的可能性。

2. 恒定非均匀流水力计算

在确定了动力渠道的断面尺寸和底坡之后，当渠道中通过任一流量 Q 时，在均匀流情况下，渠首水深 h_1 和渠末水深 h_2 均为正常水深 h_0，即 $h_1=h_2=h_0$。通过均匀流计算，可求得 h_0-Q 关系曲线。也可通过水力计算求得渠末断面临界水深 h_k 与渠道流量的关系曲线 h_k-Q。

对于自动调节渠道，当引用流量小于渠道设计流量 $Q_{设}$ 时，渠道内的流态多为恒定非均匀流，渠道以 a_1 型壅水曲线工作。在渠首水位一定的情况下，不同的流量对应着不同的渠末水深 h_2，可绘制出 h_2-Q 曲线，如图3-11所示。

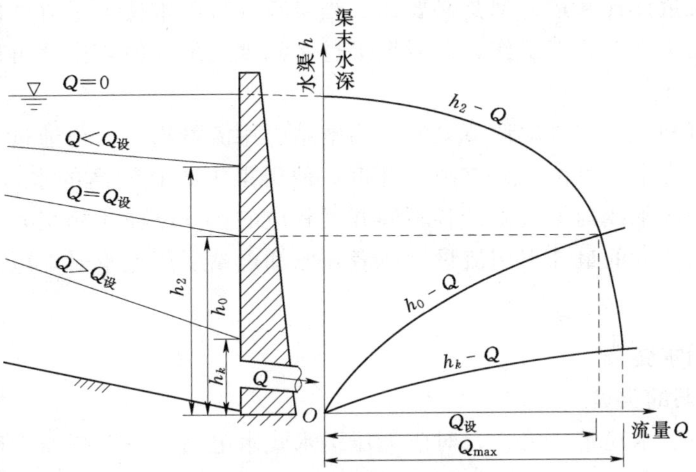

图3-11　自动调节渠道渠末水深与流量关系

对于非自动调节渠道，因渠末（压力前池）设有泄水建筑物，当引用流量小于渠道设计流量 $Q_{设}$ 时，通过渠道内恒定非均匀流计算，可以绘出对应渠首闸门不同开度 a_1，a_2，a_3，…的 h_2-Q 曲线（见图3-12）。在图中还按溢流堰型式和尺寸绘出溢流堰泄流曲线 $\Delta h-Q_{弃}$。在泄流曲线以上的 h_2-Q 曲线用虚线表示，因为这部分曲线表示渠道中通过的流量小于泄水流量，这在恒定情况下是不可能的。对于渠首闸门全开（如 a_4）情况，通过溢流堰的弃水流量 $Q_1<Q_{设}$ 时，相当于在1点工作，此时 $h_2>h_0$，电站引用流量为 $Q_{电1}$，通过溢流堰的弃水流量为 $Q_{弃1}$，$Q_1=Q_{电1}+Q_{弃1}$；当电站停止工作时，渠道通过流量为 Q_2，相当于在2点工作，$Q_{电2}=0$，$Q_{弃2}=Q_2$，即渠中流量全部通过溢流堰下泄。以上所述均为对某一固定渠首水位（如设计水位）而言。当渠首水位变化时，对每一渠首水位均可作出这样一套曲

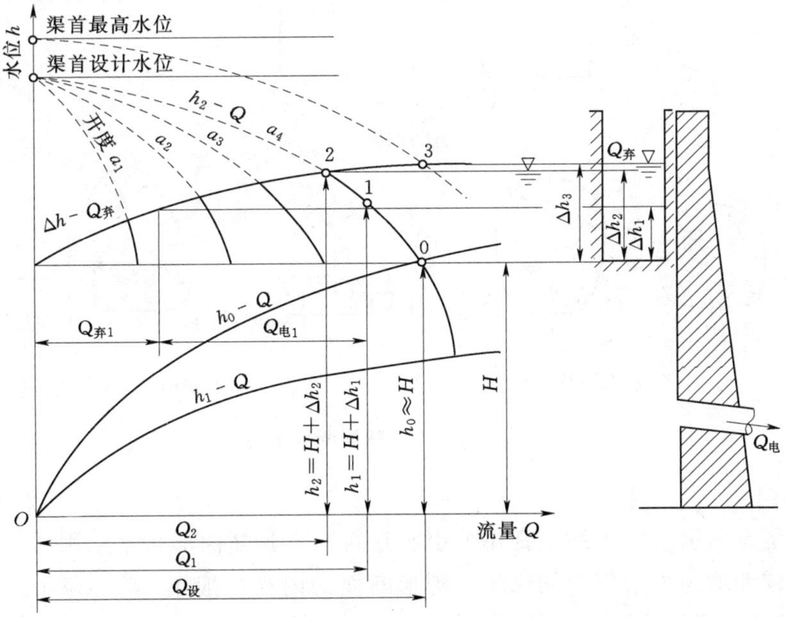

图3-12　非自动调节渠道末水深与流量关系

线。这些曲线对渠道设计和运行都是必要的。当渠首为最高水位，渠首闸门全开而电站又停止工作时，渠道相当于在3点工作，此时堰上过水深度达最大值，据此可以确定渠末的堤顶高程。

由以上讨论可知，对非自动调节渠道，当电站引用流量小于渠道通过流量时，将发生无益弃水。为了减少弃水，可调节渠首闸门开度，使得渠末既有较高的水位，又不发生弃水。若由溢流堰顶引一水平线与渠首闸门各不同开度相应的 h_2-Q 曲线相交若干点，则交点之横坐标就是不同闸门开度的最佳引用流量，或者在已知电站引用流量时，可以求得渠首闸门的最佳开度。

三、水电站引水隧洞

（一）引水隧洞的类型

隧洞是水电站引水建筑物之一，对于无压引水式水电站，一般指压力前池以前的隧洞部分；对于有压引水式水电站，一般指调压室以前的隧洞部分。引水隧洞分为无压隧洞和有压隧洞两种基本类型。

1. 无压隧洞

当用明渠引水，渠道线路盘山过长，工程量较大时，通过方案比较，可采用无压隧洞引水。根据地质条件和施工条件，无压隧洞的断面形状常采用方圆形、马蹄形和高拱形，如图3-13所示。无压隧洞水面以上的空间一般不小于隧洞断面面积的15%，顶部净空高度不小于0.4m。各种断面形状的隧洞，从施工需要考虑，其断面宽度不小于1.5m，高不小于1.8m。为了防止隧洞漏水和减小洞壁糙率，并防止岩石风化，无压隧洞大都采用全部或部分衬砌。

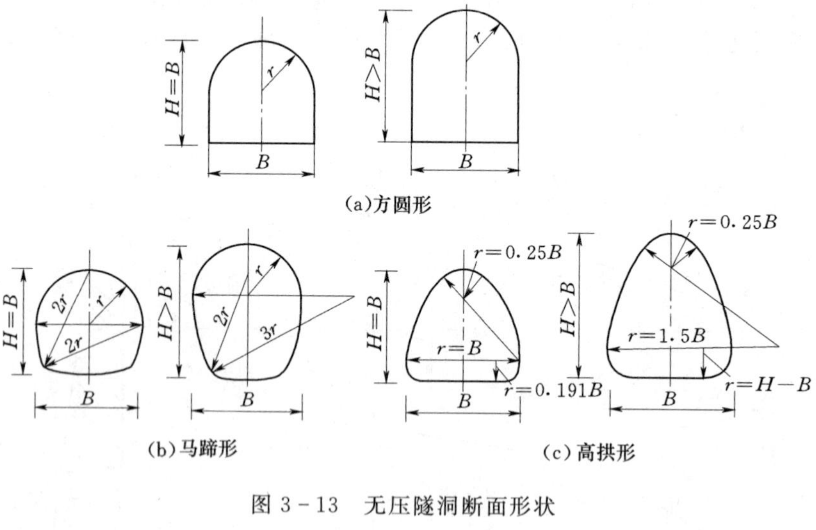

图3-13　无压隧洞断面形状

2. 有压隧洞

有压隧洞是有压引水式电站最常用的引水建筑物。其断面形状常采用圆形，这是因为圆形隧洞能承受较大均匀内水压力的缘故，圆形断面的内径一般不小于1.8m。有压引水隧洞一般采用钢筋混凝土衬砌，衬砌厚度与钢筋配置由计算确定。初估衬砌厚度时，可取洞径的1/12～1/16，但根据施工要求，对于单层布筋断面，厚度不小于0.25m；对于双层布筋断面，厚度不小于0.30m。

（二）引水隧洞路线的选择

引水隧洞路线的选择是隧洞工程设计中一个根本性的问题，它直接关系到隧洞的投资、工程的安全可靠、施工进度的快慢与难易程度。影响引水隧洞路线选择的因素很多，主要有以下几方面。

1. 地形条件的影响

隧洞应有足够的埋置深度，一般要求隧洞周围的岩层厚度不小于3倍开挖直径。洞线需要转弯时，其转弯半径宜大于5倍洞径。

2. 地质条件的影响

隧洞路线应力求短而直，但应尽量避开破碎软弱的岩层和地下水位很高、水量很大以及可能发生滑坡的地带。

3. 施工条件的影响

对于长隧洞，为了提高施工进度，在引水隧洞路线选择时应考虑便于布置施工支洞（平洞或竖井）。另外，应注意避免施工掘进时，因爆破而影响附近建筑物的地基。

4. 枢纽总体布置的影响

选择引水隧洞路线时，应与大坝、进水口、调压室和厂房等布置统一考虑，有时还应考虑发电洞、导流洞、泄洪洞、灌溉洞互为利用的因素。

（三）引水隧洞经济断面的选择

对于引水隧洞，在水电站引用流量已定的情况下，选择的断面尺寸越大，工程投资越大，但电能损失较少；选择的断面尺寸越小，工程投资越小，但电能损失较大。这就需要通过技术经济分析来确定最经济的断面。

经济分析一般是先假设几个隧洞断面方案，然后进行经济比较。对于一般中小型电站，可用经济流速确定隧洞经济断面。一般情况下，混凝土衬砌隧洞的经济流速为2.5～4.0m/s。

任务4　了解有压引水式水电站建筑物

有压引水式水电站的主要特点是以有压引水道（主要是有压隧洞）输水，常建于河道坡降较陡或保证在死水位以下有一定进水深度的取水河段。在落差较大的高山湖泊，或者高差很大的毗邻流域，均可通过有压隧洞引水而获得相当大的水头，有利于修建有压引水式水电站。

有压引水式水电站以有压进水口取水，以有压引水道输水，在引水道末端设有调压室（调压塔或者调压井），再经过压力钢管引入水电站厂房发电，如图3-14所示。

一、拦河坝

拦河坝是指用以拦截河流、集中落差、形成水库的建筑物，同无压电站拦河枢纽开敞式取水的低水头不同，有压引水式电站的拦河坝一般较为高大，如重力坝、拱坝等，这样就能形成水库，在取水口前产生较大的淹没水深。另外，由于形成了水库，冲沙问题主要在坝体内设专门的冲沙孔在汛期解决，这同无压电站取水口的拦沙坎或冲沙廊道是不同的。

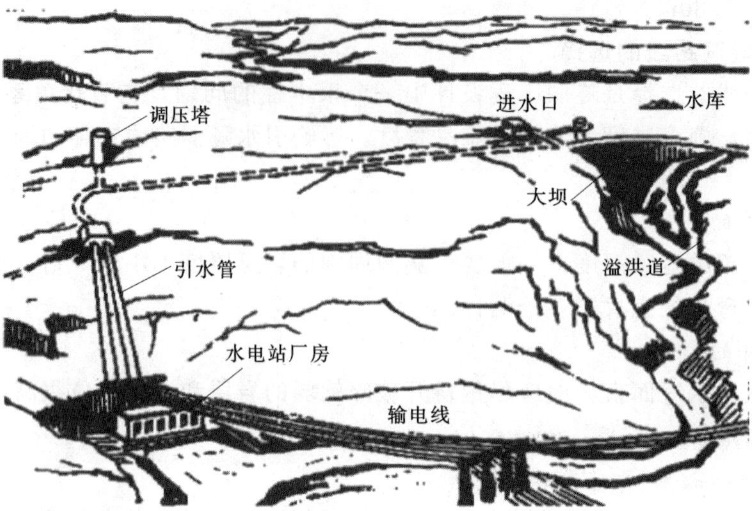

图 3-14 有压引水式水电站示意图

二、有压进水口

有压进水口位于死水位以下一定深度，在一定水压下工作。虽然也可设成开敞式进水口，但需要在取水闸之后变为有压流，颇为麻烦，因而凡在枢纽处形成了较大水深的水库，一般推荐使用有压进水口，以适应水库水位的变化。

三、有压引水道

有压引水道是有压引水式水电站的特征建筑物之一，一般情况下均为钢筋混凝土有压隧洞，也有用坝内引水管、钢管等作为有压引水道的情况；其前段与首部枢纽的有压进水口相接，根据地形地质情况，在引水道末端设调压室；其尾部与电站压力钢管相连。

四、调压室（调压塔、调压井）

调压室主要位于压力隧洞末端，其断面一般比压力隧洞断面面积大，是具有自由水面的平压建筑物。调压室的主要作用是消除或减小引水道、压力水管和水轮机的水击压力，避免和减小水击对它们的危害，同时平稳水头，改善机组在负荷变化时的运行条件和供电质量。调压室建在地面以上称为调压塔，地面以下称为调压井。

五、压力水管

压力水管与无压引水式水电站的压力水管相同，连接引水道与水电站厂房，将引水道引来的水分配给水轮机。

六、厂房

厂房将引水道的水流平顺地引入、引出水轮机，使水能转换成电能，并将各种必需的机电设备安置在恰当位置，创造良好的安装、检修及运行条件，为运行人员提供良好的工作环境，确保电能生产的正常进行。

有压引水式水电站的优点是适应水位的变化，无论是在汛期还是枯水期，均能引用水流发电，年均发电量较无压引水式水电站恒定，河流水量利用率较高，综合利用效益大。其缺点是造价较高，特别是要形成水库使得淹没占地多，由此带来的征地、移民搬迁、生态环境、水土保持等问题需进行诸多考虑与论证。

任务5　了解有压进水口

一、有压进水口的主要类型及适用条件

有压进水口通常由进口段、闸门段及渐变段组成。按照其结构特点，有压进水口可分为以下四类。

（一）竖井式进水口

竖井式进水口的进口段和闸门井都从山体中开凿而成，如图3-15所示。进口段开挖成喇叭形，以使入水平顺。闸门段经渐变段与引水隧洞衔接。这种进水口适用于地质条件较好、地形坡度适中的情况，若地质条件不好，扩大进口和开挖竖井会引起塌方；地形过于平缓，不易成洞，过于陡峻，又难以开凿竖井，都不宜采用。竖井式进水口充分利用了岩石的作用，钢筋混凝土工程量较少，是一种既经济又安全的结构型式，因而应用广泛。

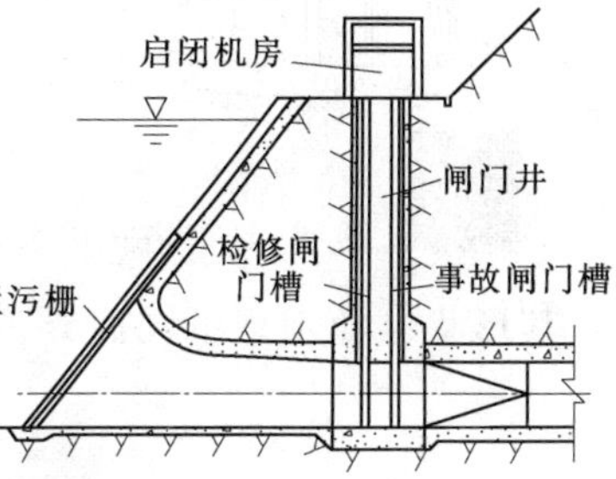

图3-15　竖井式进水口

（二）墙式进水口

墙式进水口的进口段和闸门段均布置在山体之外，形成一个紧靠在山岩上的墙式建筑物，如图3-16所示。这种进水口适用于洞口附近地质条件较差或地形陡峻因而不宜采用竖井式进水口时。墙式建筑物承受水压力，有时也承受山岩压力，因而需要足够的强度和稳定性。有时可将墙式结构连同闸门槽依山做成倾斜的，以减小或免除山岩压力，同时使水压力部分或全部传给山岩承受，这时的墙式进水口称为斜卧式进水口。

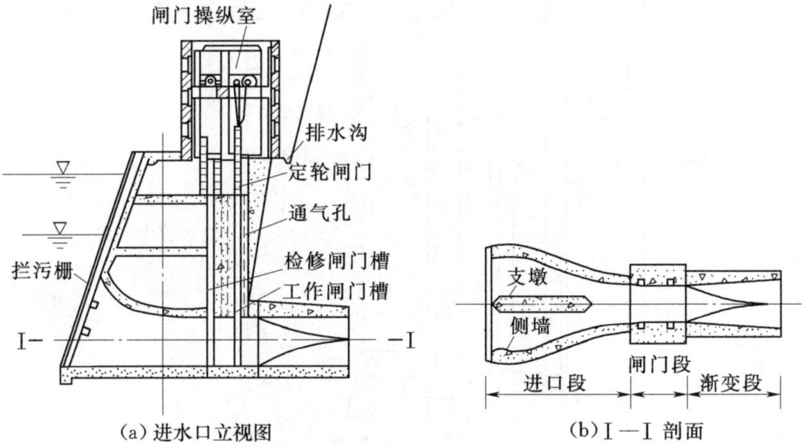

图3-16　墙式进水口

（三）塔式进水口

塔式进水口的进口段和闸门段组成一个竖立于水库边的塔式结构，通过工作桥与岸边相

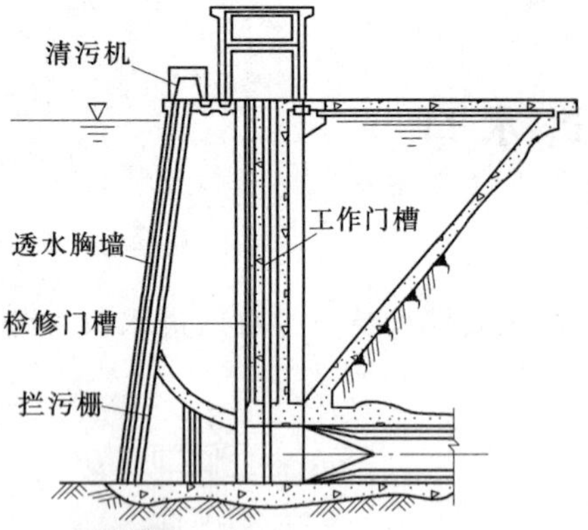

图3-17　塔式进水口

连，如图3-17所示。这种进水口适用于洞口附近地质条件较差或地形平缓因而不宜采用竖井式进水口的情况。土石坝的坝下涵管也常采用塔式进水口。塔式结构要承受风浪压力及地震力，必须有足够的强度及稳定性。塔式进水口可由一侧进水，也可由四周进水，然后将水引入塔底岩基的竖井中。

（四）坝式进水口

坝式进水口的基本特征是进水口依附在坝体上，进口段和闸门段常合二为一，渐变段衔接紧凑，以缩短进水口长度，如图3-18所示为重力坝坝式进水口。当水电站压力水管埋设在坝体内时，只能采用这种进水口。坝式进水口的布置应与坝体协调一致，其形状也随坝型不同而异。

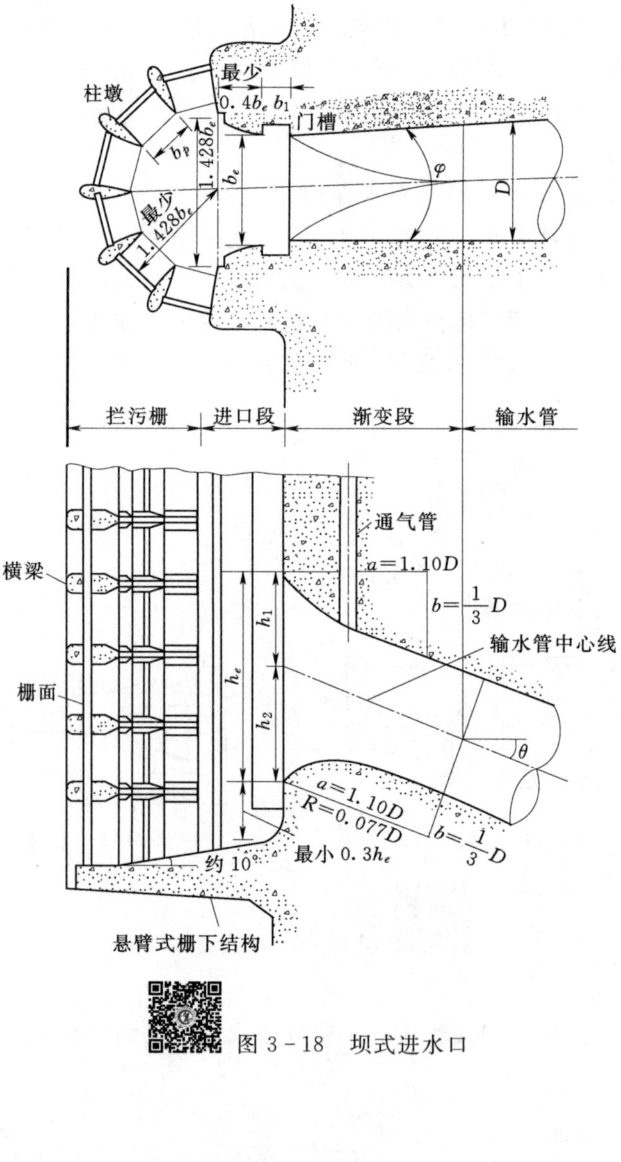

图3-18　坝式进水口

二、有压进水口的布置

(一) 基本资料

布置进水口所需要的基本资料与数据如下：

(1) 水利枢纽的总体布置方案、进水口范围内的地形资料。

(2) 进水口范围内的地质资料。

(3) 建筑物等级。

(4) 上游漂浮物的性质与水量、河道冰凌情况、水文气象条件等。

(5) 泥沙淤积情况。

(6) 电站的运行水位。

(7) 电站的引用流量。

(8) 引水道的直径、长度和控制方式，水轮机特性。

(9) 地震烈度——确定是否进行抗震结构计算。

(二) 位置选择

有压进水口位置的选择应从水库地形地质条件、水位变幅、引水路线、进水口型式以及其他进水口位置等方面来综合考虑。运行时应能保证进水口的水流平顺、对称，水头损失小，不产生回流和漩涡，不产生淤积和聚集漂浮物等现象。同时，在其他进水口通过水量或泄洪时不影响该进水口的进水量。此外，进水口应与其后的压力引水隧洞路线协调一致，布置在地形、地质及水流条件均合适的地点。

(三) 高程选择

为保证水库的发电、灌溉等效益，需要进水口在死水位情况下能够取到足够的设计流量，因此有压进水口的顶高程应低于死水位一定深度，这个深度称为淹没深度。淹没深度不仅是为保证取到足够的引用流量，在发电引水中，还应以不产生漏斗状吸气漩涡为原则。漏斗状漩涡不仅会带入空气，而且会吸入漂浮物，引起噪声和振动，减少实际流量，增大气蚀，影响水电站的正常发电。

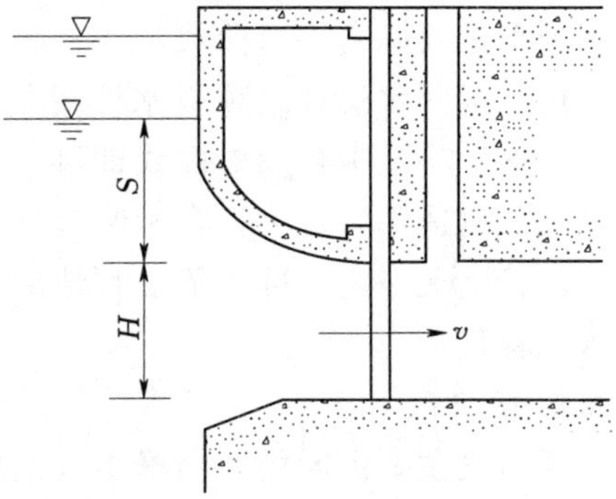

图 3-19 临界淹没深度

根据已建工程的原型观测分析资料，不出现吸气漩涡的临界淹没深度（图 3-19）可按下面的戈登(J. L. Gordon) 经验公式估算：

$$S_{临界}=Cv\sqrt{H} \tag{3-2}$$

式中 $S_{临界}$——闸门顶低于最低水位的淹没深度，m；

C——经验系数，$C=0.55\sim0.73$，对称进水取小值，侧向进水取大值；

v——闸门断面处的流速，m/s；

H——闸门孔口净高，m。

由于影响旋涡产生的因素很多，有些因素无法定量估算，式（3-2）只能用来初估淹没深度。在工程实践中，受地形限制及复杂的行近水流边界条件影响，要求进水口在各种运行情况下完全不产生漩涡是困难的，关键是不应产生漏斗状吸气漩涡，必要时可通过水力模型试验，研究采取措施消除。当风浪对库水位有影响时，还应在 $S_{临界}$ 值上加上浪高的 1/2。

在满足进水口前不产生漏斗状吸气漩涡及引水道内不产生负压的前提下，进水口高程应尽可能抬高，以改善结构受力条件，降低闸门、启闭设备及引水道的造价，也便于进水口运行维护。

有压进水口的底部高程应高于设计淤积高程 1m 以上，如果这个要求无法满足，则应在进水口附近设排沙孔，以保证进水口不被淤塞，并防止有害的石块进入引水道。

（四）有压进水口轮廓尺寸

有压进水口沿水流方向可分为进口段、闸门段、渐变段三部分。这三部分的尺寸及形状，主要与拦污栅断面、闸门尺寸和引水道断面有关。进水口的轮廓就是使这三个断面能平顺地连接起来，在保证引进发电所需流量的前提下，尽可能使水流平顺地进入引水道，使水头损失小，避免水流脱壁而产生负压，降低工程造价和设备费用。

1. 进口段

进口段为连接拦污栅与闸门段的部分，其断面常为矩形，顺水流方向逐渐缩小。进口段一般为平底，两侧稍有收缩，顶板之纵断面为曲线，目前广泛采用 1/4 椭圆曲线，椭圆曲线方程为：

$$\frac{x^2}{a^2}+\frac{y^2}{b^2}=1 \tag{3-3}$$

式中，$a=(1.0\sim1.5)D$（D 为引水道直径），$b=(1/3\sim1/2)D$，一般情况下，$a/b=3\sim4$。当引水流量及流速不大时，顶板曲线也可用圆弧曲线，圆弧半径 $R\geqslant D/2$。对重要工程，应根据模型试验确定进口曲线。

由于两侧水流较之顶板水流更加平顺，因而两侧边墙的水力平滑曲线要求比顶板曲线低，一般中小型工程圆弧曲线即可。这样，两侧及顶板就围成了矩形喇叭口形状。

进口流速不宜过大，在喇叭口外缘流速一般控制在 0.8～1.2m/s，以便于拦污栅清污。进口段长度无一定标准，依工程地形地质情况，以水流平顺的原则布置，力求布置紧凑，以节省工程量。

2. 闸门段

闸门段主要由闸门、门槽型式及受力条件而定，一般为矩形断面。闸门槽四周以二期混凝土预埋锚筋，用以固定闸门槽内安装的止水封座及闸门滚轮导轨。在检修闸门槽后设置检查孔，在工作闸门槽后设置通气孔，有时还根据需要设置测量设备。

闸门段过水断面为引水道的 1.1 倍左右。高度一般略大于或等于引水道直径；而宽度一般与引水道直径相同，以便于渐变段的布置及水流平顺。闸门段的长度取决于闸门及启闭设备的需要，并应考虑引水道检修通道的要求。

3. 渐变段

渐变段是矩形闸门段到圆形引水道的过渡段。通常采用圆角过渡，圆角半径 r 按直线规律变化，如图 3-20 所示。

渐变段长度一般取引水道直径的 1.5～2 倍，对于狭窄的取水口，为方便布置也可取 1.0～1.5 倍，收缩角不超过 10°，以 6°～8°为宜。

为了使水流平顺，渐变段轴线一般布置成直线，地形及布置形式限制时也可布置成曲线，但要注意避免流速过高、使底板与水流分离而产生负压现象。

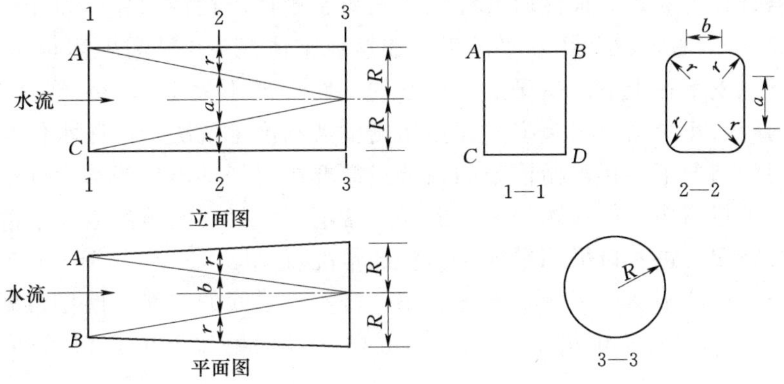

图 3-20　进水口渐变段

竖井式、墙式及塔式进水口的进口段、闸门段和渐变段划分比较明确。坝式进水口为了适应坝体结构要求，进水口长度要缩短，进口段与闸门段常合二为一。坝式进水口一般都做成矩形喇叭口状，水头较高时，喇叭开口较小，以减小闸门尺寸以及孔口对坝体结构的影响；水头较低时，喇叭开口较大，以降低水头损失。喇叭口的形状常由试验决定，以不出现负压、漩涡且水头损失最小为原则。进水口的中心线可以是水平的，也可以是倾斜的，视与压力水管的连接条件而定。开口较小时，工作闸门可设于喇叭口的中部而将检修闸门置于喇叭口上游，如图 3-18 所示，图中还表示了为保证水流平顺，各部分所需的最小尺寸。

三、有压进水口的主要设备

有压进水口的主要设备有拦污设备、闸门及启闭设备、通气孔和充水阀等。

（一）拦污设备

1. 拦污设备的作用

在河流及水库中，常有漂木、树枝、树叶、杂草、垃圾、浮水物等漂浮物顺流而下，聚集于进水口前，尤其以洪水期为甚。拦污设备的功用就是防止有害物质进入进水口，并不使污物堵塞进水口，影响过水能力，以保证闸门和机组的正常运行。主要拦污设备是拦污栅和清污设备。实践表明，我国许多河流在洪水期漂浮物较多，进口处拦污栅易于堵塞，若清污不及时，就可能使电站被迫减小出力，甚至停机或将拦污栅压坏。为了减小对拦污栅的压力，有时在远离进水口几十米之外加设一道粗栅或拦污浮排，拦住粗大漂浮物，并将其引向泄水建筑物，宣泄至下游。

2. 拦污栅的布置与支承结构

拦污栅的布置形式取决于进水口的类型、电站引用流量的大小、水库水位变化幅度、被拦截污物的情况和清污方法等。

拦污栅和立面上可布置成垂直的或倾斜的。倾斜的优点是过水断面大且易清污，倾角般为 60°～70°，广泛应用于竖井式及压力墙式进水口。而塔式及坝式进水口由于工程量限制，进门处一般很少设置成倾斜面，因而拦污栅也相应地为垂直或接近垂直的。

拦污栅的平面形状可以是多边形（或半圆形）的，也可以是直线形的。平面拦污栅的优点是便于用清污机清污。竖井式及压力墙式进水口一般采用直线形拦污栅，而塔式和坝式进水口则两种形状均有采用。坝式进水口多边形拦污栅可见图 3-18。由图中可以看出，在进口底部伸出的悬臂板上立着5根柱墩，柱墩两侧留有栅槽，拦污栅片即插在槽内。柱墩的间距一般不大于2.5m，柱墩之间用水平的横梁连接成整体框架，并与坝体相连。

栅片的上下端支承在上下两横梁上，横梁的间距一般不大于4.0m。间距过大会加大栅片的横断面，间距过小会增大水头损失。拦污栅框架高度常取决于水库水位和清污要求。在不需要经常清污的情况下，拦污栅框架的顶部只需要高出经常出现的水库低水位，以便有机会可以清理与维护拦污栅。如污物较多，需要经常清污，拦污栅顶部应高于清污的水位。拦污栅顶部用顶板封闭。进水口采用平面拦污栅的情况可见图3-15和图3-16，所有水电站进水口共用一个整体的平面拦污栅，充分利用了进水口之间的空间，使拦污栅有足够的过水断面，而且结构简单，便于机械清污。在部分栅面被污物堵塞时，仍可通过邻近的栅面进水。

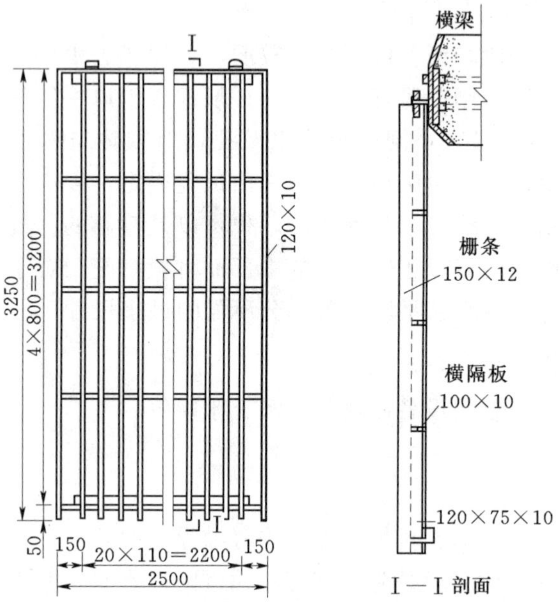

图3-21　拦污栅的结构图（单位：mm）

3. 拦污栅的结构与构造

拦污栅由若干块栅片组成，每块栅片的宽度一般不超过2.5m，高度不超过4m，整块栅片看起来像一扇百叶窗。栅片如同闸门一样放在支承结构的栅槽中，必要时可将栅片一片一片地提起检修。栅片的结构如图3-21所示，四周用角钢或槽钢焊成边框，中间用扁钢做栅条。栅条上下端焊在边框上，沿栅条的长度方向，每隔一定的距离设置带有槽口的横隔板，栅条背水的一边嵌入横隔板的槽口中并加焊。横隔板的作用是使栅条保持固定的位置，并增加栅条的侧向稳定性。栅片顶部设有吊环。栅条的厚度及宽度由强度计算确定，一般厚度为6～12mm，宽度为100～200mm。栅条间净距取决于水轮机的型号及尺寸，要保证通过拦污栅的污物不会卡在水轮机的过流部件中。栅条净距一般由水轮机制造厂提供。混流式水轮机$b\approx D_1/30$，其中D_1为水轮机转轮直径；轴流式水轮机$b\approx D_1/20$；冲击式水轮机$b\approx d/5$，其中d为喷嘴直径。

4. 拦污栅的清污与防冻

拦污栅被污物堵塞时水头损失将加大，可通过观察栅前栅后的水位差来判明被堵塞的程度。拦污栅堵塞时要及时清污，以免造成额外的水头损失。堵塞不多时清污方便，堵塞过多则过栅流速加大，污物被水压力紧压在栅条上，清污困难。为了保证拦污栅结构的安全和正常工作，及时观测污物堵塞程度，应在栅前栅后埋设压差量测设备，以观察水位差或压力差。清污方式有人工清污和机械清污两种。中小型水电站常采用人工齿耙扒掉拦污栅上污物的人工清污方法，适合于浅水、倾斜的拦污栅。大中型水电站常用清污机清污，如图3-22所示。在污物较多的河流上，若清污很困难，可将拦污栅吊出来清污。为在清污时不使水电站停机，则可设前后两道拦污栅，一道吊出清污时，另一道可以拦污。

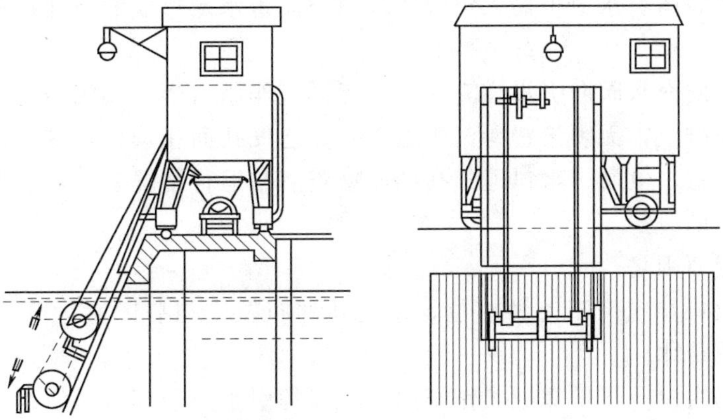

图 3-22　清污机

在严寒地区要防止拦污栅结冰。如冬季仍能保证全部栅条完全埋在水下，则水面形成冰盖后，下层水温高于0℃，栅面不会结冰。如栅条露出水面，则要设法防止栅条结冰。一种办法是在栅面上通过50V以下的电压，形成回路使栅条发热；另一种方法是将压缩空气用管道通到拦污栅上游面的底部，从均匀布置的喷嘴中喷出，形成自下而上的挟气水流，将下层温水带至栅面，并增加水流的紊动，以防止栅面结冰。这时要减小电站的引用流量，以免吸入大量气泡。在特别寒冷地区，有时要将进水口（包括拦污栅）全部建在室内，以便保温。

（二）闸门及启闭设备

为控制水流，进水口必须设置闸门。闸门可分为工作闸门（事故闸门）和检修闸门。工作闸门的功用主要是当机组或引水道正常开启和关闭，或发生事故时紧急关闭，以防事故扩大。检修闸门设在工作闸门之前，它的功用是当检修工作闸门及其门槽时，用以堵水。

工作闸门一般要求在动水中能够迅速关闭，开启时则为静水中开启。即先用充水阀向闸门后充水，待闸门前后水压基本平衡后，再开启闸门，以减少启门力并避免闸门在开启的瞬间高速水流冲入引水道而引起振动。由于引水道末端闸门会漏水，特别是水轮机导叶漏水量较大，所以要求工作闸门能在3～5m水压差下开启。小型进水口的工作闸门一般为平板门，它占据的空间小。如果水深较浅、压力较小，一般以卷扬式启闭机启闭；如果闸门位于水下较深，启门力过大，则采用螺杆式启闭机；大中型进水口可以为弧形闸门，以油压启闭机启闭，启门力大而且操作便利，减小了上部启闭平台结构特别是柱结构的巨大启闭荷载。一般每个工作闸门配一套启闭机，以便随时操作闸门。闸门操作应尽可能自动化，闸门应能吊出进行检修。

检修闸门与工作闸门相比，启门力是很小的，因此一般采用平板门，对中小型水电站还可以采用更简单的叠梁门。周边进水的塔式进水口多采用圆筒闸门。检修闸门为静水启闭，可以几个进水口合用一套。启门机也可用移动式的，或用临时启闭设备，如为坝式进水口则可利用门机来操作检修闸门。检修闸门平时放在专设的储门室内或锁定在检修门槽的上方。

（三）通气孔

一般有压进水口的检修闸门为前止水，工作闸门为后止水，因而在工作闸门之后需设置通气孔。通气孔的作用是：

（1）闸门关闭时向引水道中输入空气，以填补流走水量形成的空间，从而防止引水管道发生真空失稳。

（2）闸门开启前充水阀向引水道充水时，起排气作用。当工作闸门为前止水时，可以利用检修竖井补气或排气，无须设置专门的通气孔。通气孔面积选择，国内外尚无统一的计算公式，根据我国一些水电站进水口通气孔的原型观测与运行情况来看，通气孔的面积不宜小于引水道断面面积的5%。

通气孔的布置原则是：

（1）通气孔出口端应高于上游水位，通气孔的布置应与启闭室分开，外口应设置防护罩，并应防止冬季结冰。

（2）通气孔的内口应尽量靠近工作闸门下游面的引水道顶部，以便在任何情况下均能充分通气，减少负压。

（3）通气孔体型应平顺，避免突变，在必须转弯的部位，应具有较大的转弯半径，以减小气流阻力。

（四）充水阀

充水阀的作用是在工作闸门开启前向引水管道充水，使闸门上下游水压力基本平衡后，闸门在静水中开启。如果不向引水道充水而直接打开工作闸门，则高速水流倾泻而下会引起巨大震动及冲刷，破坏引水道及压力钢管。工作闸门的上、下游侧以旁通管连接，用充水阀控制。对于布置旁通管有困难的进水口，可以考虑在工作闸门上设置充水阀，利用吊杆启闭。开启时先将吊杆提升一段距离，打开充水阀，此时闸门本体不动，待充水完毕后，再继续提升吊杆开启闸门本体。关闭闸门时，吊杆在自重及充水阀的作用下下压，充水阀关闭。

任务6　了解有压隧洞

一、有压隧洞的功用和要求

有压引水道是有压引水式水电站的特征建筑物之一，一般情况下均为钢筋混凝土有压隧洞，也有以坝内引水管、钢管等作为有压引水道的情况；其前段与首部枢纽的有压进水口相接，根据地形地质情况，在引水道末端设调压塔或调压井；其尾部与电站压力钢管相连。

有压隧洞的功用是将发电用水在有压的状态下由进水口输送至电站压力水管。

有压隧洞除应满足无压隧洞的基本要求外，还应当满足下列要求：

（1）高压隧洞围岩渗透水力梯度应满足渗透稳定的要求。

（2）高压岔洞应满足洞内静水压力小于围岩最小地应力的要求。

（3）有压隧洞全线洞顶处的最小压力，在最不利的运行条件下不宜小于0.02MPa。

（4）出口断面面积宜收缩为洞身断面面积的85%～90%。若沿程体型变化多，洞内水流条件差，收缩率宜采用80%～85%；对于重要的隧洞工程，应进行水工模型试验验证。

（5）出口洞段的底坡宜平缓，如需侧向扩散则宜平顺，并与下游良好衔接。

二、有压隧洞的纵横断面及尺寸

有压隧洞宜采用圆形断面，若洞径和内、外水压力不大，也可采用更便于施工的其他断面型式。

对于较长的隧洞，在洞轴沿线可采用多种断面形状及对围岩的多种加固措施，但不宜变化频繁。在不同断面或不同加固型式之间，应设置渐变段，这样可以避免隧洞衬砌在突变处形成应力集中，同时也使有压水流流态平顺。渐变段的边界应采用平缓曲线，有压隧洞渐变段的圆锥角以采用6°～10°为宜，其长度不宜小于1.5倍的洞径，两渐变段之间的长度不宜过短。

有压隧洞的经济流速为2.5～4.5m/s，粗略估计隧洞直径时可做参考。另外，为便于施工，隧洞横断面不能太小，规范对有压隧洞的最小施工断面有明确的规定：对以水利投资为主的，直径不宜小于1.8m；对以电力投资为主的，直径不宜小于2.0m。

三、有压隧洞的水力计算

有压隧洞的水力计算包括恒定流计算与非恒定流计算两部分，前者是研究隧洞断面、引用流量、水头损失之间的关系，用以选择断面尺寸；后者是为了确定最高和最低内水压力线，作为隧洞衬砌强度计算和洞线高程布置的依据。要避免在隧洞中交替出现无压和有压的水流状态。

课 后 任 务

1. 水电站进水口有哪些功用和要求？
2. 有压进水口有哪几种型式？其布置特点和适用条件如何？
3. 有压进水口布置有哪些主要设备？其作用和布置要求是什么？
4. 有压进水口位置、高程确定应考虑哪些因素？
5. 有压进水口轮廓尺寸如何考虑？坝式进水口有什么特点，应满足哪些要求？
6. 无压进水口有哪些特殊问题？
7. 水电站引水渠道的特点、适用电站类型是什么？水电站引水渠道有哪些基本要求，与普通灌溉渠道有什么不同？
8. 什么是自动调节渠道和非自动调节渠道？其适用条件是什么？
9. 水电站引水渠道水力计算特点及任务是什么？
10. 如何进行引水渠道断面设计？什么是经济断面和经济流速？
11. 引水隧洞有何特点，洞线选择的原则是什么？
12. 引水隧洞水力计算的内容是什么？
13. 如何进行引水隧道断面设计？

项目4　水电站平压建筑物

学习提示

项目内容： 水电站平压建筑物的作用，压力前池和调压室的类型、特点和使用情况。

学习重点： 压力前池和调压室的类型、特点和使用情况。

学习要求： 掌握水电站平压建筑物的作用，压力前池和调压室的类型、特点和使用情况，了解压力前池和调压室的水力计算和结构特点。

水电站平压建筑物主要是用来平衡因水电站流量变化而引起的引水系统内水压力和水位的变化，以改善水电站的运行条件。水电站平压建筑物主要有调压室和压力前池。调压室用于有压引水式水电站，压力前池用于无压引水式水电站。

任务1　了解压力前池

压力前池是无压引水道与压力水管之间的平压建筑物，它设置在引水渠道或无压引水隧洞的末端。图4-1为某水电站压力前池的布置图。

一、压力前池的作用及主要组成部分

1. 压力前池的作用

(1) 将渠道来水分配给各条压力水管，并设置闸门控制进入压力水管的流量。

(2) 拦截渠道中的漂浮物和有害泥沙，防止其进入压力水管。在严寒地区压力前池中还设有排冰道，以防止冰凌的危害。

(3) 当压力前池设有泄水建筑物时，可宣泄多余水量，限制水位升高。当下游有其他用水要求时，在电站停止运行的情况下，可通过泄水建筑物向下游供水。

(4) 压力前池有一定容积，当电站负荷发生变化时，可暂时补充水量不足或容纳多余水量，平衡水压。

2. 压力前池的组成

压力前池的主要组成部分包括前室、进水室、泄水建筑物、冲沙孔和排冰道等，如图4-1所示。

二、压力前池的位置选择和布置形式

压力前池的位置选择，应根据地形地质条件和运用要求（水头损失小，排污、排沙、排冰和泄水方便等），并结合渠道、压力水管、厂房等建筑物的相互位置综合考虑确定。压力前池的位置通常布置在较陡山坡的顶部，故应特别注意地基的稳定和渗漏问题。压力前池一旦失事，将直接危及厂房，过去曾多次发生压力前池失事而造成巨大损失的事例。因此，应尽可能将压力前池布置在地质情况较好的挖方中。

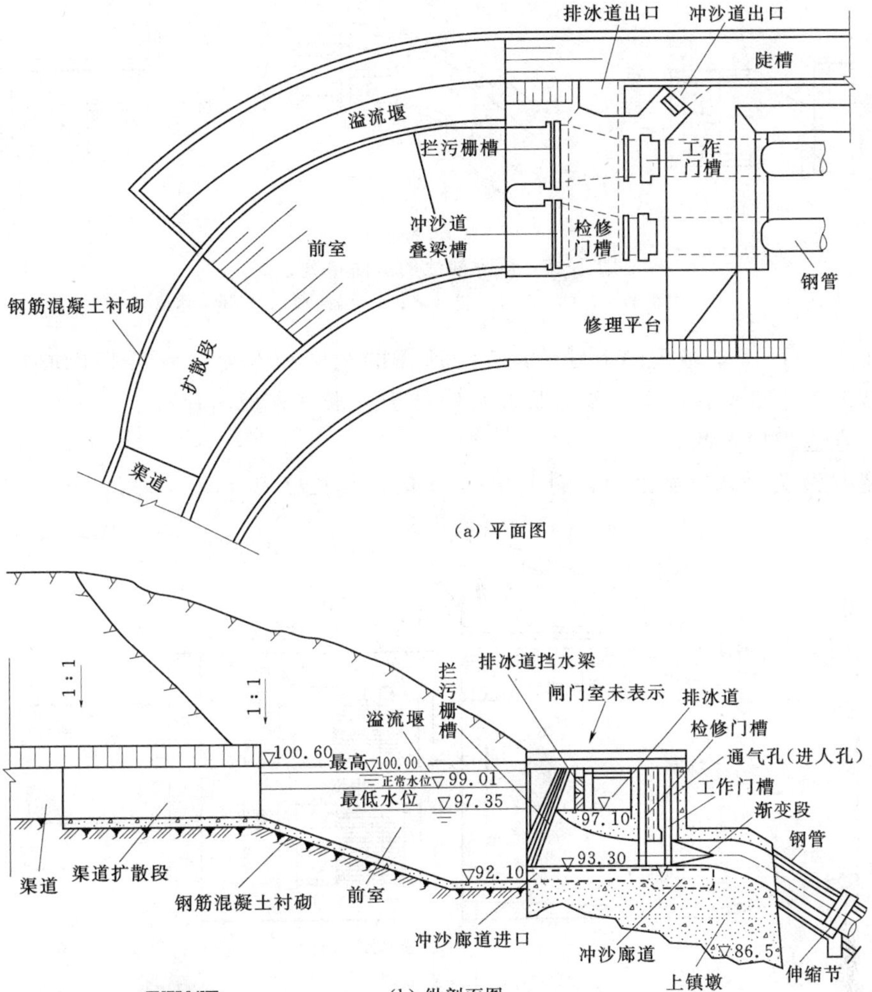

(a) 平面图

(b) 纵剖面图

图 4-1 某水电站压力前池布置图（单位：m）

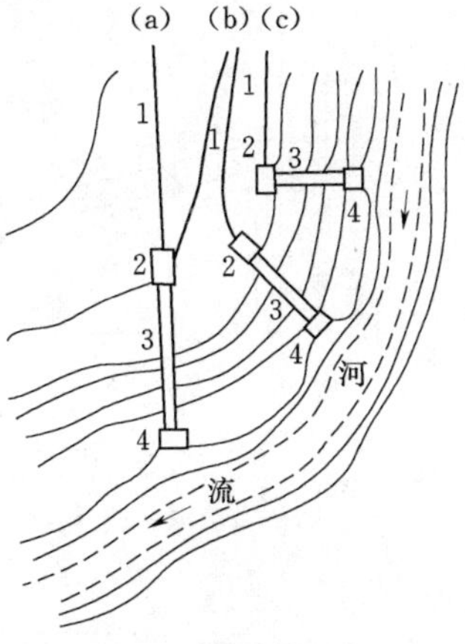

图 4-2 压力前池的布置形式

1—渠道；2—压力前池；3—压力水管；4—厂房

如图 4-2 所示为压力前池的几种布置形式，如图 4-3 所示为每种布置形式中引水道与压力前池的连接方式。图 4-3 中（a）的特点是渠线平行于管线，水头损失小，但不利于排沙、排冰；（c）的特点是渠线垂直于管线，进水流向不顺，常引起涡流，并造成较大的水头损失，但排沙、排冰条件较好；（b）的特点介于（a）、（c）之间。

三、压力前池各组成部分的构造和尺寸

（一）前室

前室是引水渠道末端与进冰室之间的扩大加深部分，如图 4-1 与图 4-4 所示。其主要作用是将渠道断面过渡至进水室所需要的宽度和深度。前室应有一定的容积和水深，满足沉沙的要求。前室在平面上以 $\beta=10^{\circ}\sim15^{\circ}$ 的扩散角逐渐加宽，在

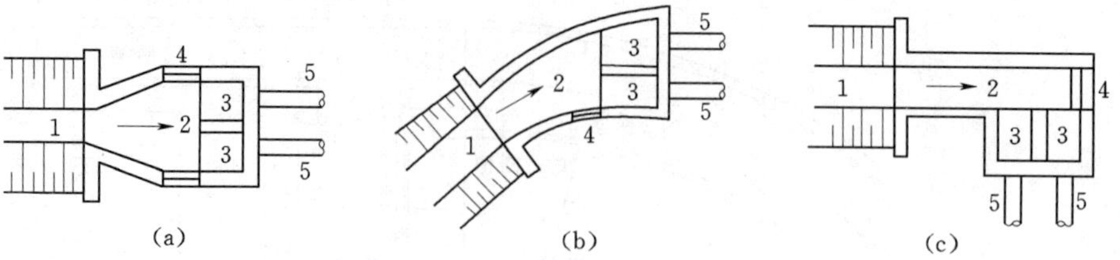

图 4-3　压力前池的平面布置方式

1—引水渠；2—前室；3—进水室；4—溢流堰；5—压力水管

立面上以 1∶3～1∶5 的坡度向下延伸，直至所需的宽度和深度。为了便于沉沙、排沙，防止有害泥沙进入进水室，前室末端底板高程应低于进水室底板高程 0.5m 以上。当水中含沙量较大时，宜适当加大此高差。

前室宽度 B 为进水室宽度 $B_{进}$ 的 1.0～1.5 倍，其长度 $L=(2.5～3.0)B$。

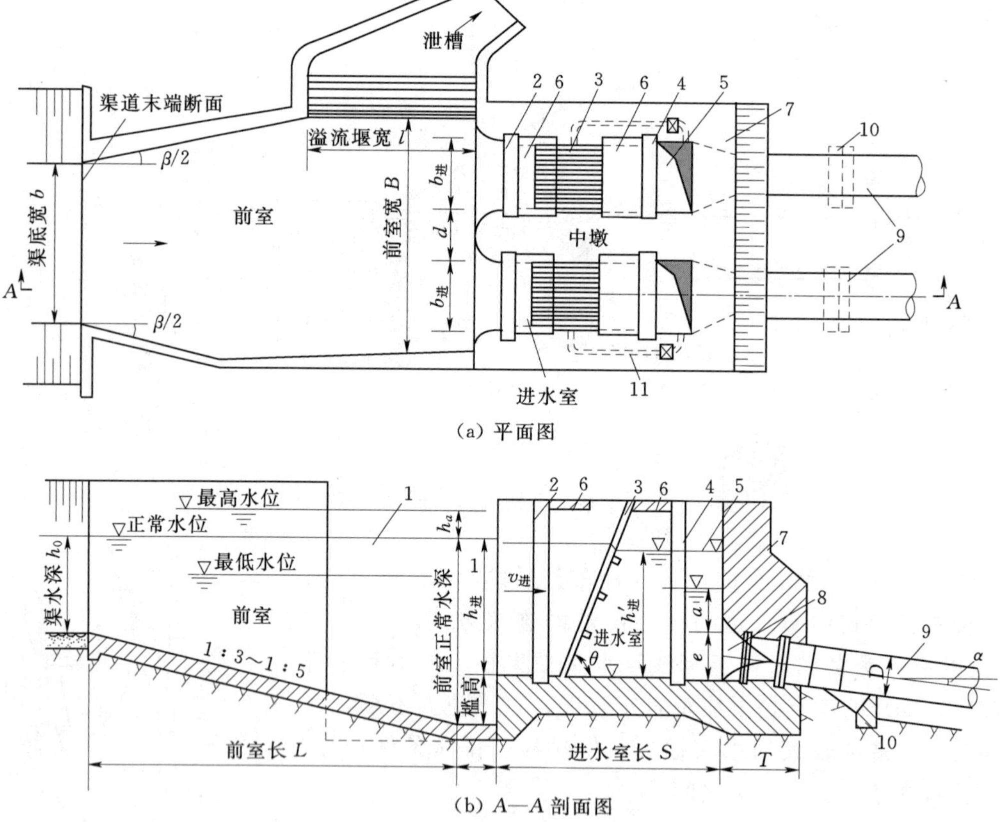

图 4-4　压力前池构造图

1—溢流堰；2—检修闸门；3—拦污栅；4—工作闸门；5—通气孔；6—工作桥；7—压力墙；8—压力水管进口；9—压力水管；10—支墩；11—旁通管

（二）进水室

进水室是压力前池最主要的组成部分，上游与前室相接，下游为埋设压力水管进口的压力墙。当布置有两根以上的压力水管时，应以隔墩分成若干独立的进水室。每一进水室都设有拦污栅、检修闸门、工作闸门、通气孔、旁通管、工作桥和启闭设备等，如图4-4所示。这样，当一根压力水管或由此压力水管供水的机组发生事故或需要检修时，不致影响其他机组的正常运行。

1. 前室和进水室特征水位的确定

(1) 前室的正常水位$\nabla_{前正常}$可近似地认为等于渠道通过电站最大引用流量Q_{max}时的渠末正常水位。

(2) 前室的最高水位$\nabla_{前最高}$，对于自动调节渠道，可认为与渠首最高水位相同，或按水电站突然丢弃全负荷时产生的最大涌波高程计算；对于非自动调节渠道，等于溢流堰顶高程加上最大溢流水深。

(3) 前室最低水位：$\nabla_{前最低}=\nabla_0-\Delta h_2'$。

式中 ∇_0——增加负荷时前池水位，$\Delta h_2'$为非恒定流时水位降落值。对于非自动调节渠道，∇_0可取溢流堰顶高程；对于自动调节渠道，∇_0为发生非恒定流之前的渠末水位。

(4) 进水室的正常水位$\nabla_{进正常}$为前室正常水位$\nabla_{前正常}$减去各种水头损失，即

$$\nabla_{进正常}=\nabla_{前正常}-(\Delta h_{进}+\Delta h_{门槽}+\Delta h_{栅}+\cdots) \tag{4-1}$$

式中 $\Delta h_{进}$、$\Delta h_{门槽}$、$\Delta h_{栅}$——进口、闸门槽和拦污栅处的水头损失。

(5) 进水室的最低水位$\nabla_{进最低}$，即压力水管进口前的最低水位，可近似地认为等于前室的最低水位$\nabla_{前最低}$。

2. 进水室各部分高程的确定

(1) 防止压力水管进口前产生漏斗状的吸气漩涡，压力水管顶部应有足够的淹没深度，管顶高程$\nabla_{管顶}=\nabla_{进最低}-d_0$，$d_0$为淹没深度，不得小于0.5m。

(2) 当直径为D的压力水管轴线与水平线的倾角为α（α一般不大于45°）时，进水室底板高程

$$\nabla_{进底}=\nabla_{进最低}-d_0-\frac{D}{\cos\alpha} \tag{4-2}$$

(3) 压力前池围墙顶部高程$\nabla_{墙顶}=\nabla_{前最高}+\delta$，$\delta$为安全超高，可按有关规范确定。

3. 进水室尺寸拟定

(1) 进水室的宽度$B_{进}$与压力水管的直径、根数以及水电站的最大引用流量Q_{max}有关。每一独立的进水室宽度$b_{进}$应满足以下条件：

$$b_{进}\geqslant\frac{Q_{max}}{v_{进}\ h_{进}}n \tag{4-3}$$

式中 $v_{进}$——过栅流速，一般不超过1.0～1.2m/s；

$h_{进}$——进水室入口的水深，$h_{进}=\nabla_{进正常}-\nabla_{进底}$；

n——进水室个数，与压力水管根数相同。

通常采用$b_{进}=(1.5\sim1.8)D$。若压力水管根数为n，隔墩厚度为d，则进水室总宽度：

$$B_{进}=nb_{进}+(n-1)d \tag{4-4}$$

对于浆砌石隔墩，d=0.8～1.0m；对于混凝土隔墩，d=0.5～0.6m。

(2) 进水室的长度主要取决于拦污栅、检修闸门、工作闸门、通气孔、工作桥和启闭设备等的布置需要。对于小型电站，进水室的长度一般为3～5m。

（三）压力墙

压力墙是进水室末端的挡水墙，它是压力水管进口的闸墙，一般由混凝土或浆砌石筑成。常见的构造型式有两种：一种如图4-1所示，在压力墙中布置有闸门和通气孔，闸门高度较小；另一种如图4-4所示，压力墙与工作闸门之间有一段距离，为一开敞水井，可作为通气孔，此种型式闸门较高，为了减小水头损失，常将压力水管进口做成喇叭形。

（四）泄水道

泄水道通常设于渠末或压力前池的边墙上，其型式有溢流堰和虹吸管等，如图4-1与图4-3所示为堰顶不设闸门的溢流堰，溢流堰顶高程应略高于前室中的正常水位（一般5cm左右），以防止电站正常运行时发生溢流现象。溢流堰的布置可为正堰或侧堰，下游布置有泄水陡槽和消能设施。溢流堰的断面形状一般为流线型的实用堰。当前室的最高水位确定后，则所需溢流堰的长度L为

$$L=\frac{Q_{\max}}{M h_a^{3/2}} \tag{4-5}$$

式中 h_a——堰顶允许最大溢流深度；

M——溢流堰系数。

也可以先确定L再求出h_a，从而确定前室的最高水位。

（五）冲沙廊道和排冰道

由于渠道中水流挟带的泥沙沉积于前室中，应在前室的最低处设置冲沙廊道。其进口可与管道的进口方向相同，两者分上下层排列，如图4-1所示，也可布置在前室最低处的一侧。

排冰道用来排除进入压力前池的冰凌，其底槛应位于前室正常水位以下，用叠梁闸门进行控制，如图4-1所示。

四、压力前池的主要设备

压力前池的主要设备有拦污栅、检修闸门、工作闸门、通气孔、旁通管、启闭设备和清污机等。

（一）拦污栅

拦污栅的构造、作用等与有压进水口的拦污栅相同。拦污栅设置在进水口处的栅槽中，下端支承于进水室底板，上端支承于防护梁上，防护梁与工作桥相连。拦污栅一般与水平面成70°～80°倾斜放置。可采用人工清污或机械清污，有时为吊出栅片清污或检修，又不影响电站的正常运行，可采用双层拦污栅。

（二）检修闸门和工作闸门

检修闸门位于工作闸门之前，但可能位于拦污栅之前或之后，供检修拦污栅、工作闸门和进水室时堵水之用。检修闸门须静水启闭，一般为叠梁式或平板式闸门。

工作闸门的作用是当压力水管、水轮机阀门或机组发生事故或检修时，用来关闭压力水管进口，静水开启，动水关闭。另外，当电站长时间停机时，为了防止水轮机阀门漏水（有时水轮机不设阀门），也常需关闭工作闸门。工作闸门一般采用平面定轮闸门，对于较重要的电站，常作为快速闸门，用电动螺杆或电动卷扬式启闭机操作。

（三）通气孔和旁通管

通气孔应布置在紧靠工作闸门的下游面控制，其作用和截面面积的确定与有压进水口相

同。旁通管布置在进水室的边墙和隔墩内，一般用闸阀控制，旁通管可为铸铁管、钢管或钢筋混凝土管。

（四）启闭设备

拦污栅和检修闸门可采用移动式启闭机控制，工作闸门则是每个进水室采用一台固定启闭机。为了将拦污栅和闸门吊出检修，需设置启闭机架和工作桥。

五、压力前池结构设计原则

压力前池中的压力墙承受自重、顶部设备重和上游水压力等荷载，应在上游进水室最高水位的条件下，按挡水坝进行强度和稳定计算。

压力前池的边墙承受自重、设备重、水压力和土压力等荷载，应按挡土墙设计；溢流堰段则按溢流重力坝设计。

工作桥和启闭机架，一般为钢筋混凝土板梁结构和框架结构，承受自重、设备重和活荷载，另外启闭机架还承受启闭力和风荷载等，应分别按板梁和框架设计。

进水室底板的构造和受力情况与水闸底板相似。当采用钢筋混凝土结构时，一般按弹性地基上的板进行设计；当采用素混凝土或浆砌石结构时，一般不做计算，此时板的厚度为0.5～1.0m。

必须对压力前池进行整体稳定核算。作用于压力前池的荷载有自重、设备重、土压力、冰压力及渗透水压力等。在土基上，应验算压力前池整体可能沿地基表面或连同部分土体沿某一危险滑弧面滑动时的稳定条件；在岩基或半岩基上，应验算压力前池沿地基表面或连同部分岩体沿某一节理面滑动时的稳定条件。如果不能满足抗滑稳定要求，应采取必要的工程措施。

六、日调节池

对于无压引水式水电站，如果在引水渠道沿线有比较合适的地形，应尽可能修建日调节池。日调节池的修建，使电站具有日调节能力，改善了运行条件，电站可以担任峰荷。

日调节池与压力前池之间的渠道的设计流量，应采用电站引用的最大流量，而渠首至日调节池的渠道则可按较小流量设计；当日调节池足够大时，可取电站的最大平均引用流量。这样当日调节池上游的引水渠道较长时，修建日调节池不但可改善电站的运行条件，而且还可能降低水电站的造价。

当水电站的引用流量大于平均流量时，日调节池水位下降；当水电站的引用流量小于平均流量时，日调节池水位上升。修建日调节池后，当电站负荷变化时，压力前池中水位变化幅度较小。日调节池越靠近压力前池，其作用越显著。

任务2 了解调压室

一、调压室的功用及基本要求

（一）调压室的功用

为了改善水击现象，常在有压引水隧洞（或水管）与压力水管衔接处建造调压室。调压室利用扩大的断面和自由水面反射水击波，将有压引水系统分成两段：上游段为有压引水隧洞，调压室使隧洞基本上避免了水击压力的影响；下游段为压力水管，由于长度缩短了，从而降低了压力水管中的水击值，改善了机组的运行条件。

根据上面的分析，调压室的功用可归纳为以下三点：

(1) 反射水击波。基本上避免（或减小）压力水管中的水击波进入有压引水道。

(2) 缩短压力水管的长度，从而减小压力水管及厂房过流部分中的水击压力。

(3) 改善机组在负荷变化时的运行条件及系统供电质量。

按照人们的习惯，调压室的大部分或全部设置在地面以上的称为调压塔，调压室大部分埋在地面之下者，则称为调压井。

(二) 调压室的基本要求

根据调压室的功能，调压室应满足以下基本要求：

(1) 调压室的位置应尽量靠近厂房，以缩短压力水管的长度。

(2) 能较充分地反射压力水管传来的水击波。调压室水击波的反射越充分，越能减小压力水管和引水道中的水击压力。

(3) 调压室的工作必须是稳定的。在负荷变化时，引水道及调压室水体的波动应该迅速衰减，达到新的恒定状态。

(4) 正常运行时，水头损失要小，为此调压室底部和压力水管连接处应具有较小的断面面积，减小水流通过调压室底部的水头损失。

(5) 工程安全可靠，施工简单方便，造价经济合理。

上述各项要求之间会存在一定程度的矛盾，所以必须根据具体情况统筹考虑各项要求，进行全面的分析比较，审慎地选择调压室的位置、型式及轮廓尺寸。

二、调压室工作原理

水电站在运行时负荷会经常发生变化。负荷变化时，机组就需要相应地改变引用流量，从而在引水系统中引起非恒定流现象。引用流量的变化，在“引水道—调压室”系统中亦将引起非恒定流现象。

如图 4-6 所示为一具有调压室的引水道。当水电站稳定运行时水轮机引用流量 Q_0 不变，引水道通过流量 Q_0 时将产生水头损失 h_w，因此调压室稳定水位比上游水库水位低，此初始状态为恒定流。

当水电站丢弃全部负荷，水轮机引用流量 Q_0 变为零时，压力水管中产生水击现象，压力水管的水流经过一个短暂的时间后就停止流动，可认为压力水管中水流是突然停止的。此时，引水道中的水流由于惯性作用仍继续流向调压室，引起调压室水位升高，使引水道始末两端的水位差随之减小，因而其中的流速也逐渐减慢。当调压室的水位达到水库水位时，引水道始末两端的水位差等于零，但其中水流由于惯性作用仍继续流向调压室，使调压室水位继续升高直至引水道中的流速等于零为止，此时调压室水位达到最高点。因为这时调压室的水位高于水库水位，在引水道的始末又形成了新的水位差，所以水又向水库流去，即形成了相反方向的流动，调压室中水位开始下降。当调压室中水位达到水库水位时，引水道始末两端的压力差等于零，但这时流速不等于零，由于惯性作用，水位继续下降，直至引水道流速减到零为止，此时调压室水位降低到最低点。此后引水道中的水流又开始流向调压室，调压室水位又开始回升。这样，引水道和调压室中的水体往复波动。由于摩阻的存在，运动水体的能量被逐渐消耗，因此波动逐渐衰减，最后全部能量被消耗掉，调压室水位稳定在水库水位。调压室水位波动过程如图 4-5 中曲线 1 所示。

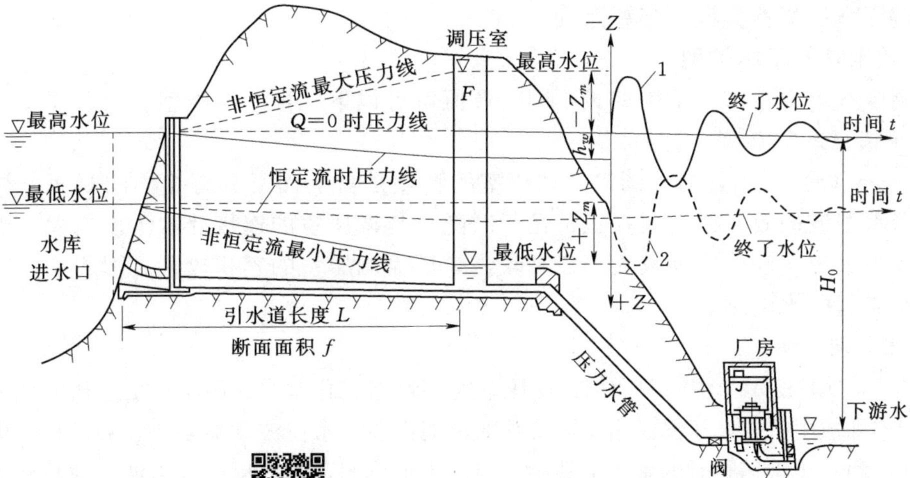

图 4-5 调压室工作原理示意图

当水电站增加负荷时，水轮机引用流量加大，引水道中的水流由于惯性作用，尚不能立即满足负荷变化的需要，调压室需首先放出一部分水量，从而引起调压室水位下降，这样室、库间形成新的水位差，使引水道的水流加速流向调压室。当调压室中水位达到最低点时，引水道的流量等于水轮机的流量，但因室、库间水位差较大，隧洞流量继续增加，并超过水轮机的需要，因而调压室水位又开始回升，达到最高点后又开始下降，这样就形成了调压室水位的上下波动。由于能量的消耗，波动逐渐衰减，最后稳定在一个新的水位，此水位与水库水位之差为引水道通过水轮机引用流量的水头损失。增加负荷调压室水位波动过程如图 4-5 中曲线 2 所示。

从以上的讨论可知，“引水道—调压室”系统非恒定流的特点是大量水体的往复运动，其周期较长，伴随着水体运动有不大的和较为缓慢的压力变化。这些特点与水击不同。在一般情况下，当调压室水位达到最高或最低点之前，水击压力早已大大衰减甚至消失，两者的最大值不会同时出现，因此在初步计算时可将两者分开计算，取其大者。但在有些情况下，如调压室底部的压力变化较快（如阻抗式或差动式调压室）或水轮机的调节时间较长（如设有减压阀或折流板等），这时水击压力虽小，但延续时间长，则需进行调压室波动和水击的联合计算，或将两者的过程线分别求出，按时间叠加，求出各点的最大压力。

在增加负荷或丢弃部分负荷后，电站继续运行，调压室水位的变化影响发电水头的大小，调速器为了维持恒定的出力，随调压室水位的升高和降低，将相应地减小和增大水轮机流量，这进一步激发了调压室水位的变化。因此，调压室的水位波动，可能有两种情况：一种是逐步衰减的，波动的振幅随时间而减小；另一种是波动的振幅不衰减甚至随时间而增大，成为不稳定的波动，产生这种现象的调压室，其工作是不稳定的，在设计调压室时应予避免。

因此，研究调压室水位波动的目的主要是：

（1）求出调压室中可能出现的最高和最低涌波水位及其变化过程，从而决定调压室的高度和引水道的设计内水压力及布置高程。

（2）根据波动稳定的要求，确定调压室所需的最小断面面积。

三、调压室的基本类型及布置方式

（一）调压室的基本类型

根据调压室水力条件和结构型式不同，调压室有以下几种基本类型。

1. 简单圆筒式调压室

如图 4-6（a）所示，简单圆筒式调压室的特点是自上而下具有相同的断面，结构型式简单，反射水击波的效果好，但在正常运行时隧洞与调压室的连接处水头损失大，当流量变化时调压室中水位波动的幅度较大，衰减较慢，所需调压室的容积较大。因此，一般多用于低水头或小流量的水电站。

2. 阻抗式调压室

如图 4-6（b）所示，将简单圆筒式调压室底部收缩成孔口式或用小于引水道断面的连接管与引水道相连即成阻抗式调压室。由于阻抗孔的消能作用，水位波动振幅小，衰减快，因而体积小于圆筒式，而且正常运行时的水头损失小；但由于阻抗的存在，反射水击波的效果较差，引水道可能受水击的影响。因此，一般阻抗孔面积不小于引水道面积的 15%，但也不宜大于 60%，以免过分降低阻抗孔的作用。阻抗式调压室一般用于引水道较短的中低水头电站。

3. 双室式调压室

如图 4-6（c）所示，由一断面较小的竖井和断面扩大的上下储水室组成，正常运行的静水位在上、下室之间，弃荷时竖井水位上升，使上室充水，增荷时水位下降，由下室补充不足的水量。上、下室限制了水位波动的振幅，且水位波动快、衰减快，所需容积较小，反射水击波的效果较好。双室式调压室适用于水头较高、水库工作深度较大的水电站。

4. 溢流式调压室

如图 4-6（d）所示，溢流式调压室的顶部有溢流堰，丢弃负荷时调压室充水，水位上升，达到溢流堰后开始溢流，限制了水位的进一步升高，有利于机组的稳定运行。溢出的水

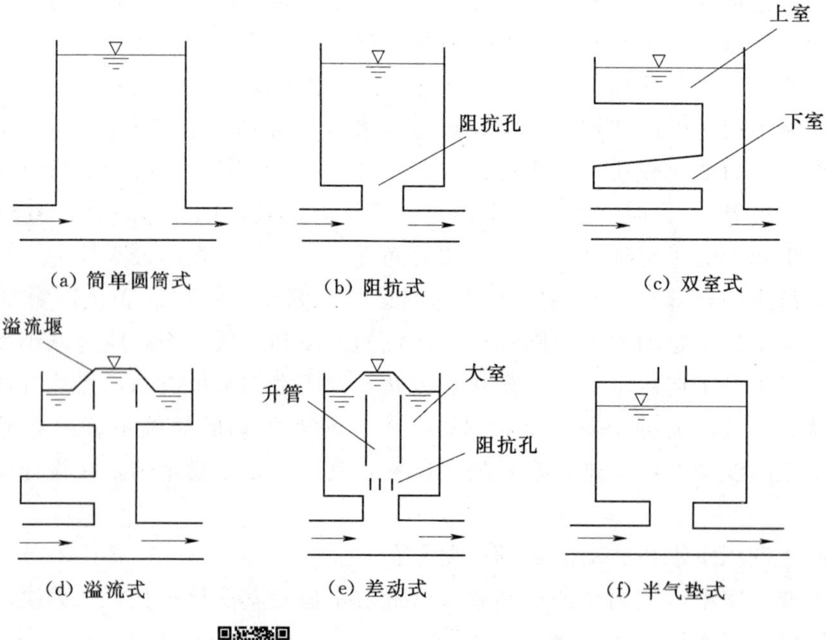

图 4-6 调压室的基本类型

量，可以设上室加以储存，也可以排至下游。

5. *差动式调压室*

如图 4-6（e）所示，差动式调压室由两个直径不同的同心圆筒组成，外筒称为大室，内筒（通常称升管）直径较小，上有溢流口，其底部以阻抗孔口与大室相通。它综合地吸取了阻抗式和溢流式调压室的优点，但结构较复杂。

6. *气垫式或半气垫式调压室*

将调压室顶部完全封闭，自由水面以上的密闭空间充满高压空气，就成为气垫式调压室。若上部空间有一断面不大的通气孔与大气相通，称为半气垫式调压室，如图 4-6（f）所示。这种调压室在水位波动过程中，利用空气的压缩或者膨胀促使压力水道减速或者加速，可以减小水位波动振幅。气垫式调压室更便于靠近厂房布置，对反射水击波有利，常可以减小水击压力。但水位波动稳定条件差，需要较大的断面或容积，且需配置空压机定期向室内补气，增加了投资和运行费用。高水头地下电站，或受地形地质条件限制，厂房附近没有建调压室的条件，或调压室通气竖井太长时，可考虑采用。

（二）调压室的布置方式

根据不同的要求及条件，调压室在引水系统中的布置大致有以下 4 种方式。

1. *上游调压室（引水调压室）*

如图 4-7（a）所示，调压室布置在厂房上游的有压引水道上。此种布置方式应用最广泛，适用于有压引水道较长的情况。

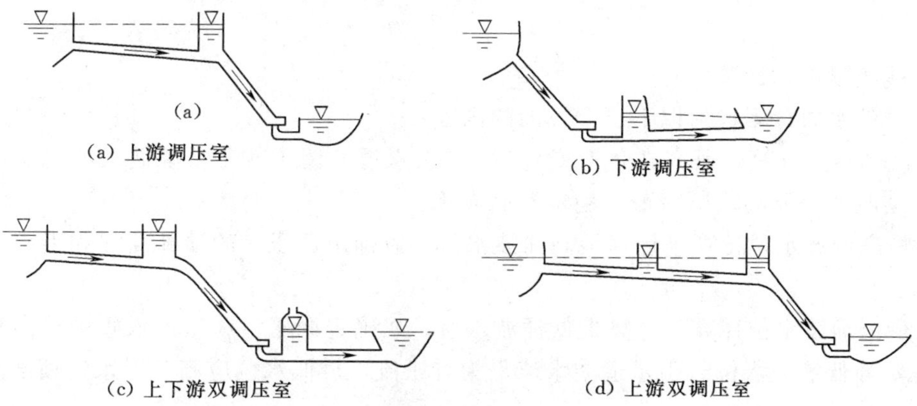

(a) 上游调压室　(b) 下游调压室

(c) 上下游双调压室　(d) 上游双调压室

图 4-7　调压室的布置方式

2. *下游调压室（尾水调压室）*

当厂房下游有压尾水管较长时，需要设置下游调压室以减小水击压力，特别是防止丢弃负荷时产生过大的负水击。尾水调压室应尽可能靠近水轮机，如图 4-7（b）所示。

尾水调压室的水位变化过程，正好与引水调压室相反，因而水力计算时基本公式相同，但要注意符号和方向相反。在电站正常运行时，调压室的稳定水位高于下游水位，其差值等于尾水隧洞中的水头损失。尾水调压室通常伴随地下水电站修建，均在岩石中开挖而成，其结构型式，除满足运行要求外，常取决于施工条件。

3. *上下游双调压室*

如图 4-7（c）所示，如果厂房的上下游都有较长的有压引水道及尾水管，为了减小水击压力，改善电站的运行条件，在厂房的上下游均设置调压室而成双调压室系统。当负荷变化时，两个调压室的水位都将发生变化，而任一个调压室的水位变化，将引起水轮机流量新的变化，从而影响到另一个调压室的水位变化，因此两个调压室的水位变化是相互制约的，使整个引水系统的水力现象更为复杂。当引水隧洞的特性和尾水隧洞接近时，可能发生共振。因此，设计上下游双调压室时，不能只限于推求波动的第一振幅，而应该求出波动的全过程，研究波动的衰减情况。

4. 上游双调压室

如图4-7（d）所示，在有压引水道中设置两个调压室，靠近厂房的调压室对于反射水击波起主要作用，称为主调压室；靠近上游的称为辅调压室，用以反射越过主调压室的水击波，进一步改善引水道的工作条件。辅调压室越接近主调压室，所起的作用越大，越向上游其作用越小。引水系统波动衰减由两个调压室共同保证，增加一个调压室的断面，可以减少另一个调压室的断面，但两个调压室所需断面之和大于只设置一个调压室时所需的断面。从表面上看增大了造价，而实际中往往是利用原引水隧洞的施工竖井建成一个调压室，修建另一个调压室的断面和造价就低于只设置一个调压室的情况，此情况下采用双调压室方案可能是经济的；有时因电站扩建，原有调压室断面不够又因地质原因不能拓宽的，而增设辅调压室；有时因结构、地质等原因，设置辅调压室以减小原有的主调压室尺寸。

上游双调压室系统的波动是非常复杂的，相互制约和诱发的作用很大，整个波动并不呈简单的正弦曲线。因此，应合理选择两个调压室的位置和断面，使引水系统的波动能较快地衰减。

四、调压室水力计算

调压室的水力计算包括以下三个方面的内容：

（1）波动稳定计算。研究在负荷变化时，“引水道—调压室”系统波动的稳定性，确定满足波动衰减所需要的调压室最小稳定断面面积。

（2）最高涌波水位计算。计算最高涌波水位，以确定调压室的顶部高程和引水道的设计内水压力。

（3）最低涌波水位计算。计算最低涌波水位，以确定调压室和压力水管进口高程。为保证在调压室最低涌波水位时引水道中水流仍为有压流，最低水位应高于引水道顶部高程至少2～3m。

进行调压室水力计算之前，需先确定调压室水力计算工况，应根据水电站和引水道的实际情况，选择可能出现的最不利的工况作为设计工况，使调压室在确保安全的前提下经济合理，具体计算工况详见有关设计规范。

五、调压室结构设计概述

根据电站的具体条件，在初步选定调压室位置和型式，经过水力计算，确定调压室的基本尺寸以后，就需进行结构计算，以决定各构件的具体尺寸和材料的数量，并绘制施工图。

调压室可分为塔式和井式两种不同的典型结构。塔式结构建在地面上，犹如给水用的水塔，其主要荷载为内水压力和风雪作用力。由于它暴露在地面之上，所以应重视温度和地震的影响。结构计算可按水塔的计算方法进行，目前采用不多。井式结构是在地下开挖成圆井或廊道，加以衬砌而成的。井式结构应用广泛。

调压井的结构主要可分为：①大井（直井）井壁，一般为埋设在基岩中的钢筋混凝土圆筒；②底板，是一块置于弹性地基上的圆板或环形板；③升管和顶板等。因此，调压井的结构计算，基本上可以看成是圆筒和圆板的计算问题。计算内力时，先分别计算，然后再考虑整体作用。

（一）调压井结构的荷载及其组合

1. 调压井结构的主要荷载

（1）内水压力：水面高程由水力计算决定，即调压井的最高和最低水位。

（2）外水压力、上托力：取决于调压井外的地下水位。常采用排水措施，降低外水位，以保证山坡稳定和减小底板所受的上托力。

（3）灌浆压力：发生在施工灌浆时期，其数值取决于灌浆时所用的压力。

（4）岩石或回填土的主动压力：当围岩破碎或衬砌完建后，围岩仍有向井内滑动的倾向时，应考虑围岩的主动压力。此时，不再计入围岩弹性抗力。

（5）衬砌自重：一般影响很小，特别是直井部分，往往略而不计。

（6）温度应力、收缩应力和地震力：温度应力是调压井在运行期，温度变化产生的应力；收缩应力是在施工期间，混凝土凝固收缩所产生的应力；地震烈度超过Ⅶ度时，应考虑地震力，并作为校核荷载。

2. 荷载组合

荷载组合主要有下列三种情况。

（1）正常运行情况：最高内水压力＋温度及收缩应力＋岩石弹性抗力。

（2）施工情况：灌浆压力＋岩石或回填土主动压力＋温度及收缩应力。

（3）检修情况：最高外水压力或上托力＋岩石或回填土主动压力＋温度及收缩应力。

第一种情况通常是最不利的组合，配筋计算多由此情况决定。第二种及第三种情况一般可以不考虑，如遇到底板的上托力很大的不利情况，可采用排水措施降低外水压力。

（二）调压井的结构设计原理

调压井结构内力可采用结构力学法计算，对于地质条件和结构复杂及尺寸较大的调压室，宜用有限元法校核。以下简单地介绍用结构力学法进行调压井结构计算的假定及原理。详细的计算方法可参阅有关文献。

1. 计算的基本假定

（1）直井衬砌假定是一个整体，断面上下一致，半径不变。

（2）直井及底板的相对厚度较小，可用薄板和薄壳理论求解。

（3）直井与岩石紧密连接，其间的摩擦力能够维持衬砌自重，因此可假定筒底垂直变位为零。

（4）岩石为弹性介质，当衬砌变形时，岩石产生的抗力与变形成正比。

（5）底板受井壁传来的径向力所引起的变形很小，可忽略不计。

2. 直井

直井的衬砌是一个埋在岩石中的圆筒，常分成几段浇成，如图 4－8 所示，各段间留有水平收缩缝；或整体浇成而不留缝。直井与底板大多做成固接，如图 4－9（a）所示；也可做成铰接，如图 4－9（b）所示，但铰接处需设止水且内力较大，故很少采用。

进行直井衬砌应力计算分析时，假定为底部固结顶部自由的长圆筒，用弹性力学的方法求解。

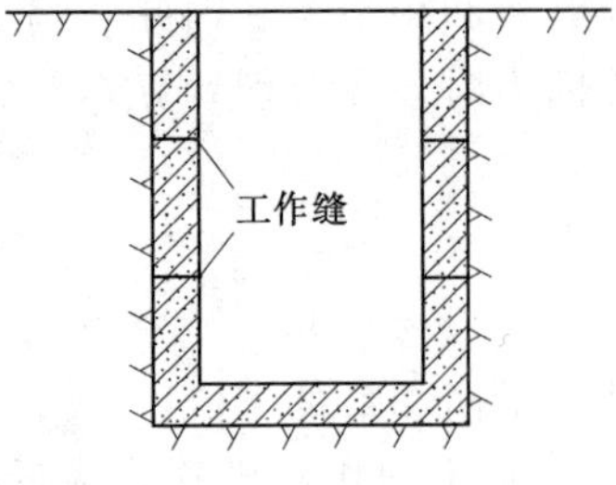

图 4-8 直井衬砌示意图

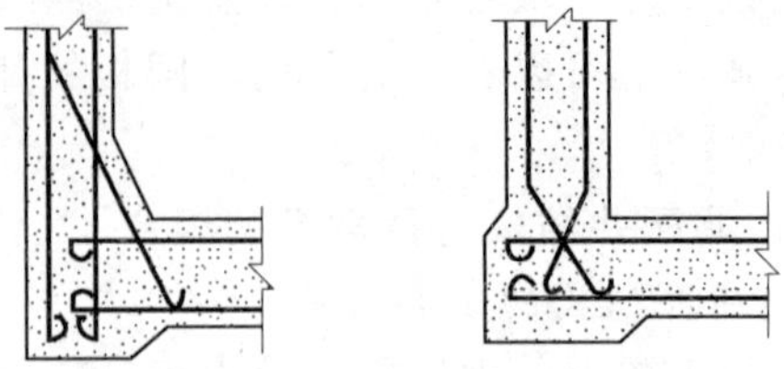

(a) 固定式

(b) 铰接式

图 4-9 直井和底板的连接方式

3. 底板

调压井的底板型式有两种，当调压井为简单式时，底板为一四周固结的实心圆板；当调压井为阻抗式和差动式时，底板为一中空的圆板，由于隧洞在底板下通过，这时底板下面有一部分与岩石直接接触，另一部分被隧洞穿过而悬空。环形板内缘与升管相连，外缘与外壁相接，因此这种环形板的应力分布是很复杂的。计算环形板时，应考虑底板下隧洞穿过处不与岩石接触的影响：当底板承受外水压力时，这部分板不承受外水压力；当底板承受内水压力时，这部分板不受岩石弹性抗力的作用。

板厚与直径相比，小于 1/10 时可以看成是薄板，按薄板理论进行计算。最后将直井底部和底板四周的不平衡弯矩与剪力进行调整，得到端部的实际应力。

4. 顶板

为了防寒和防止山坡上的石块及杂物落入调压室中，有时在调压井上部设顶板；当事故快速闸门布置在调压井内，闸门的启门机就放在顶板上面，这时顶板还要承受启门机设备重量及启门力等荷载。

顶板所承受的荷载与调压井的井壁和底板不同，并按不利的组合情况进行设计。

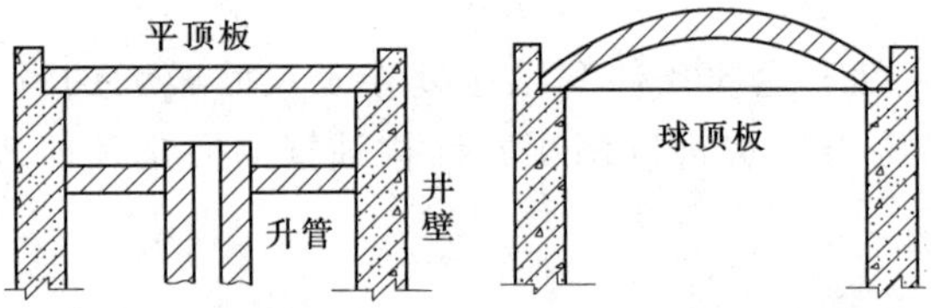

(a) 圆平顶板

(b) 球形顶板

图 4-10 顶板结构型式示意图

顶板的结构布置，有圆平顶板和球形顶板两种型式，如图 4-10 所示。圆平顶板适用于调压室的半径不大的情况，有时还利用差动式调压室升管的突出部分作为支撑。此种型式施工比较简单，其大梁可作为施工期间起吊大梁。球形顶板用于半径大的情况，此种型式可减小弯矩，因而比较经济，但施工复杂。

平顶板多简支在井壁上，可作为一简支圆板计算，亦可采用梁板型式。球形顶板应按球壳进行计算。

调压井顶部应留有通气孔，通气孔流量等于隧洞流量。

5. 断面设计

调压室直井和底板都是水下结构，过去断面混凝土以不允许开裂为原则设计。近年来我国设计部门已开始采用允许裂缝开展的断面设计。是否采用允许裂缝开展的断面设计，应根据调压室附近岩层的厚度及破碎情况而定，以免调压室渗水造成岩层坍滑，危及管道和厂房的安全。目前，一般仍按不允许开裂计算，但安全系数为 1。当算出的钢筋少于最小含筋率时，可按少筋混凝土设计。

当调压井的高度不大，岩石性质上下均匀时，井壁衬砌上下可用同一厚度，如图4-11 (a)所示；若井壁较高或沿高度各层岩石的性质相差较大，也可采用不同的厚度，如图4-11 (b)、(c) 所示。后面两种受力较为合理，但开挖量较大，应力分析也比较复杂，为了减少开挖和回填，有时亦可做成井壁向内倾斜的型式，如图4-11 (b) 中的虚线所示。

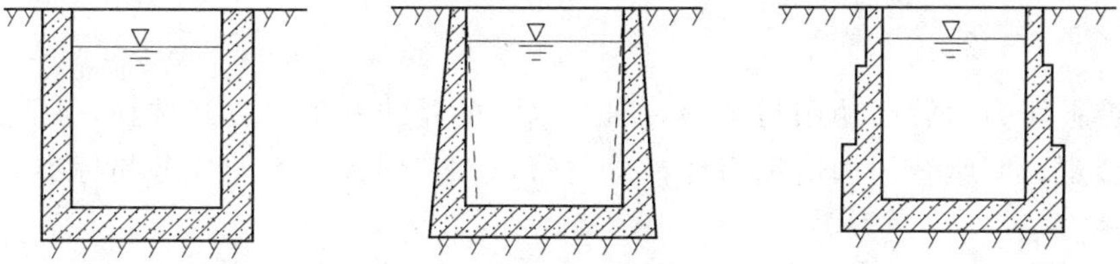

(a) 上下同一厚度　(b) 上下不同厚度　(c) 上下不同厚度

图4-11　调压井衬砌型式示意图

根据岩石的性质、水压力的大小、调压井的高度及断面，先大致决定衬砌的厚度。一般衬砌厚度为50～100cm或更大些，然后进行强度计算和裂缝校核，如不能满足，则修改衬砌厚度重新计算。初步假定衬砌厚度时，可近似地取其等于0.05～0.1倍调压井直径。

为了使岩石和衬砌能联合工作，增加岩石的整体性，并防止渗漏，在衬砌浇筑完成后，需进行回填灌浆和固结灌浆，前者用2～3个大气压，后者用5～8个大气压，孔距2～3m，孔深3～5m。

总之，调压井的衬砌与地质情况关系极大。若井身建造在风化破碎的岩层中，那么衬砌自身应具有足够的强度和刚度，以独立承受各种外加荷载。相反，若建在完整新鲜的岩石中，而且水质对岩石无侵蚀作用，则衬砌可以做得很薄，仅仅起护面作用，或采用喷锚支护。因此，设计时重要的是全面分析各方面的条件，慎重对待影响比较大的因素，选出最好的方案。

课 后 任 务

1. 压力前池的作用是什么？其组成建筑物有哪些？
2. 前池布置应考虑的因素有哪些？如何拟定压力前池的尺寸？
3. 日调节池的作用及适用条件是什么？
4. 调压室的作用及设置条件是什么？应满足哪些基本要求？
5. 调压室的工作原理是什么？
6. 调压室的基本布置方式和基本结构类型有几种？其优缺点和适用条件各是什么？
7. 调压室水力计算内容、目的及计算方法有哪些？
8. 影响调压室水位波动稳定性的因素有哪些？大波动和小波动有何区别？

项目5　压力水管与水击

学习提示

项目内容： 压力水管的功用与类型，压力水管的路线和供水方式选择，压力水管的水力计算与尺寸拟定，明钢管的构造和附件，分岔管，调节保证计算的任务与标准，水击及调节保证计算方法。

学习重点： 压力水管的路线和供水方式选择，压力水管的水力计算与尺寸拟定。

学习要求： 掌握压力水管的功用与类型，压力水管的路线和供水方式选择，了解压力水管的水力计算与尺寸拟定。

任务1　掌握压力水管的功用与类型

一、压力水管的功用

压力水管是指从水库、压力前池或调压室向水轮机输送水量的管道。其特点是坡度陡，内水压力大（包括静水压力和动水压力），且靠近厂房，一旦失事将直接危及厂房的安全。

压力水管的基本要求：要有足够的输水能力，水头损失小，运行安全可靠，经济合理。

压力水管是水电站枢纽的重要组成部分，设计施工中必须注意其安全可靠和经济合理，要求压力水管的布置适应所处地形地质条件，过流断面大小合适，尽量缩短长度，减少水头损失，与水库、前池、调压室及厂房合理衔接，提高水电站运行的安全性和经济性。压力水管的主要荷载为内水压力，管道的内直径 D（m）和其承受的水头 H（m）及其乘积 HD 值是标志压力水管规模及技术难度的重要参数值。

目前最大直径的钢管是我国向家坝水电站右岸地下厂房引水系统压力钢管，钢管最大直径14.4m，管壁最大厚度48mm，单节最大吊装重量为46t。高 HD 值常见于抽水蓄能电站，已超过5000m^2。

二、压力水管的类型

（一）按制作压力水管的材料分类

1. 钢管

钢管一般为钢板焊接而成。它具有强度高、抗渗性能好等优点，故多用于高水头电站和坝后式电站，适用水头范围可由数十米至上千米。

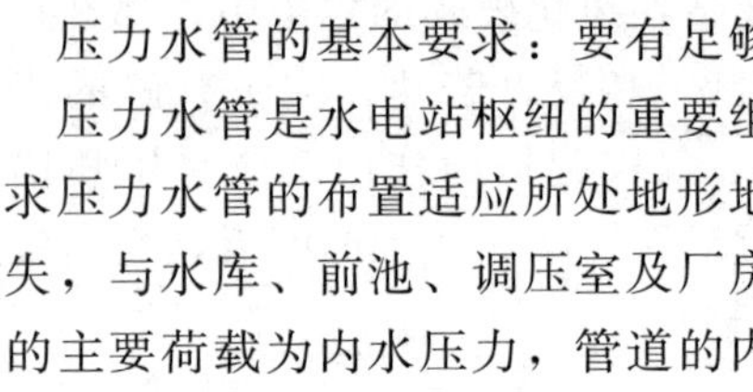

图5-1　焊缝布置图

钢管按其自身的结构又可分为：

（1）无缝钢管。其直径较小，适用于高水头小流量的情况。

（2）焊接钢管。适用于较大直径的情况。焊接钢管由弯成圆弧形的钢板焊接而成，焊缝结构如图5-1所示，一般相邻两节管道的纵缝应错开一定角度，以避免焊缝薄弱点在同一直线上。

（3）箍管。当 $HD>1000\text{m}^2$ 时，钢板厚度一般会超过 40mm，加工比较困难，在这种情况下常采用箍管。箍管是在焊接管或无缝钢管外套以无缝的钢环（钢箍，称为加劲环），从而使管壁和钢箍共同承受内水压力，以减小管壁钢板的厚度。

钢管所使用的钢材应根据钢管结构型式、钢管规模、使用温度、钢材性能、制作安装工艺要求以及经济合理等因素参照设计规范选定。

2. 钢筋混凝土管

钢筋混凝土管分为现场浇筑的或预制的普通钢筋混凝土管和预应力、自应力钢筋混凝土

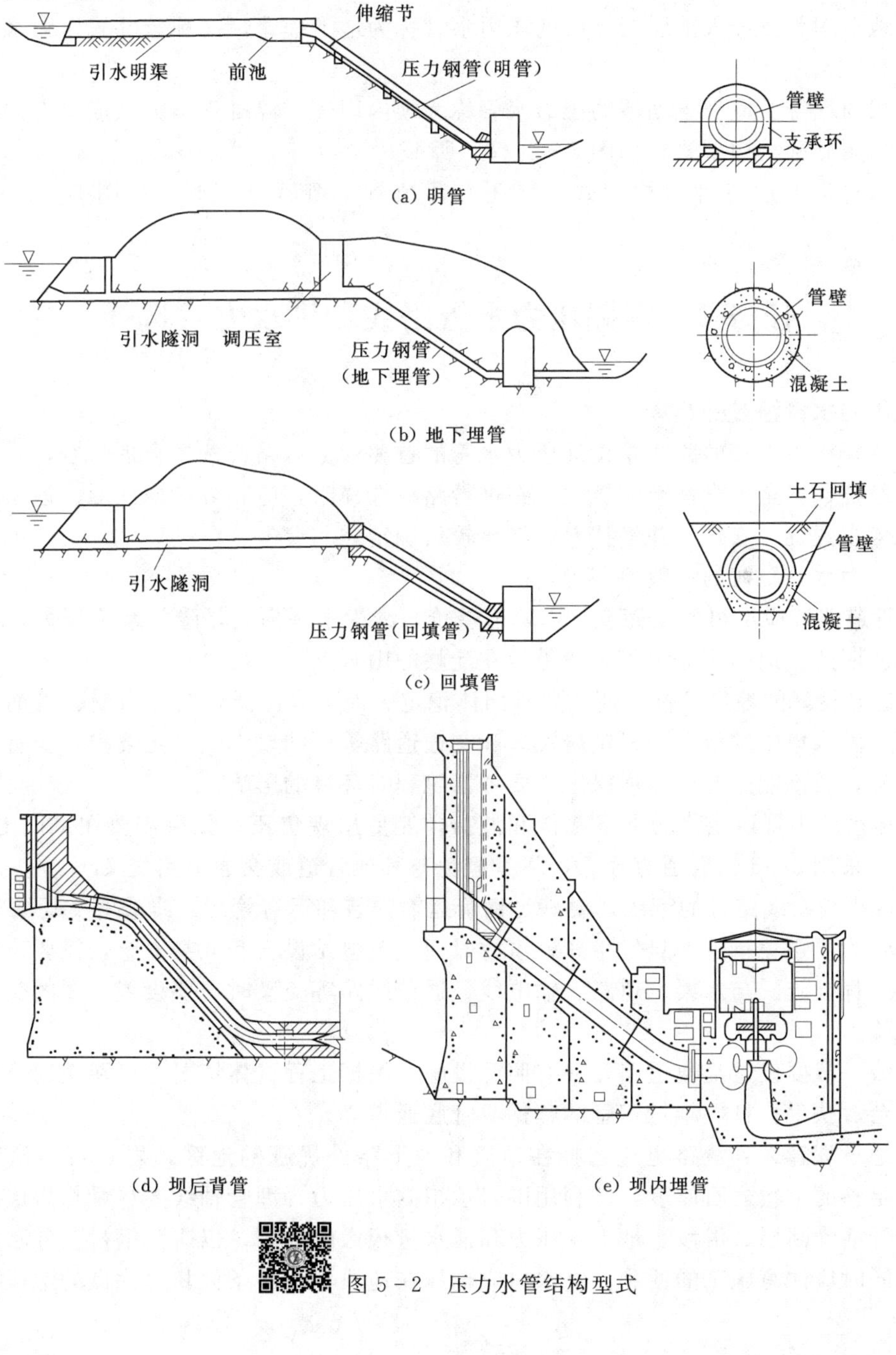

图 5-2　压力水管结构型式

管等类型，具有耐久、价廉、节约钢材等优点。普通钢筋混凝土管一般适用于 HD 值小于 $60m^2$、且静水头不宜超过 50m 的中小型水电站。

近年来，预应力、自应力钢筋混凝土管有较大发展，它们具有弹性好、抗拉强度高等优点，适用于 HD 值小于 $300m^2$、静水头达 150m 的情况，用以替代钢管，可节约大量钢材，但其制作要求高。

（二）按压力水管的结构型式分类

（1）明管。敷设于地表、暴露在空气中的压力水管称为明管，又称露天式压力水管，如图 5-2（a）所示。

（2）地下埋管。埋入地层岩体中的压力水管称为地下埋管，又称竖井式压力水管，如图 5-2（b）所示。

（3）坝内埋管。埋设于坝体的压力水管称为坝内埋管。混凝土重力坝或重力拱坝等坝式厂房一般采用此种结构型式，如图 5-2（e）所示。

压力水管除上述三种结构型式外，还有回填管、坝后背管等，如图 5-2（c）、（d）所示。

任务 2　掌握压力水管路线和供水方式选择

一、压力水管路线的选择

正确选择压力水管的路线是设计压力水管的首要任务，路线选择合理与否，对工程造价及运行的经济、安全可靠性影响极大。在进行路线选择时，应充分考虑地形、地质条件，与水电站总体布置统一安排，并经技术经济比较后确定。

选择压力水管路线的一般原则为：

（1）管道路线应尽可能短而直，以降低造价，减少水头损失，降低水锤压力，改善机组运行条件。因此，地面压力水管一般敷设在陡峻的山脊上。

（2）选择良好的地质条件。通常要求山体稳定、地下水位低，避开山崩、雪崩、沉陷量大的地区、洪水集中的地区、村镇居民区和交通道路等。如果无法满足要求，要有切实可行的防护措施，若不能避开村镇居民区，要考虑工程对环境的影响。

（3）尽量减小管道线路的上下起伏和波折，避免出现负压；如果需要在平面上转弯时，转弯半径可采用 2～3 倍管道直径 D；尽量避免与其他管道或交通道路交叉。

（4）水头高、线路长的管线，要满足钢管运输安装和运行管理、维修等交通要求。

此外，为了避免钢管一旦发生意外事故时而危及电站设备和人身安全，需要设置事故排水和防冲工程设施。与水渠、道路、输电线、通信线路等交叉时，要设置必要的交叉建筑物和防护设施。

沿管线一般要设置交通道路，并有照明设施。根据工程具体情况，可在交通道路沿线设置休息平台、扶手栏杆、越过钢管的爬梯或管底通道等。

对于地下埋管，其线路也应选择在地质和地形条件优越的地区，岩石要尽量坚固、完整，要有足够的上覆岩石厚度，以利用围岩承担内水压力。埋管轴线要尽量与岩层构造面垂直，并避开活动断层、滑坡、地下水压力和涌水量很大的地带，以避免钢衬在外水压力作用下失稳，同时应注意施工的便利。进水口应选择在地质和地形条件相对优良的地段。如果选用多根管道，相邻管道间的岩体要满足施工期和运行期的稳定和强度要求。

二、压力水管的数目和向机组的供水方式

压力水管的数目应根据机组台数、管线长短、机组安装的分期、运输条件、制造安装能力、地形和地质条件、电站的运行方式及其在电力系统中的地位等因素，经技术经济比较后确定。

压力水管向水轮机的供水方式可分为下列三种。

(一) 单元供水 (单管单机)

每台机组各由一根水管从压力前池或调压室向水轮机供水，如图 5-3 (a)、(d) 所示，可不设下阀门。这种供水方式结构简单，运行灵活可靠，当其中一根钢管或一台机组发生故障需要检修时，其他机组仍可照常运行，但管材用量较多，因而造价较高，多用于压力水管较短的电站。如果采用其他方式供水，虽可降低管材造价，却增加了分岔管与弯管等复杂结构，水头损失也因而增大，往往并不经济。此外，当引水量很大时，若采用其他供水方式，将使管径过大，给制造和施工带来很多困难。

(二) 联合供水 (一管多机)

由一根总管在末端分岔后向电站所有水轮机供水，如图 5-3 (c)、(f) 所示，每根支管上须设快速阀门。这种供水方式的显著优点是可以节约管材，降低造价，多在高水头、小流量的水电站中采用。其缺点是运行的灵活性和可靠性较单独供水方式差，当总管发生故障或检修时，将使电站全部机组停止运行；由于增加了分岔管、弯管等构件，结构比较复杂，且水头损失也较大。

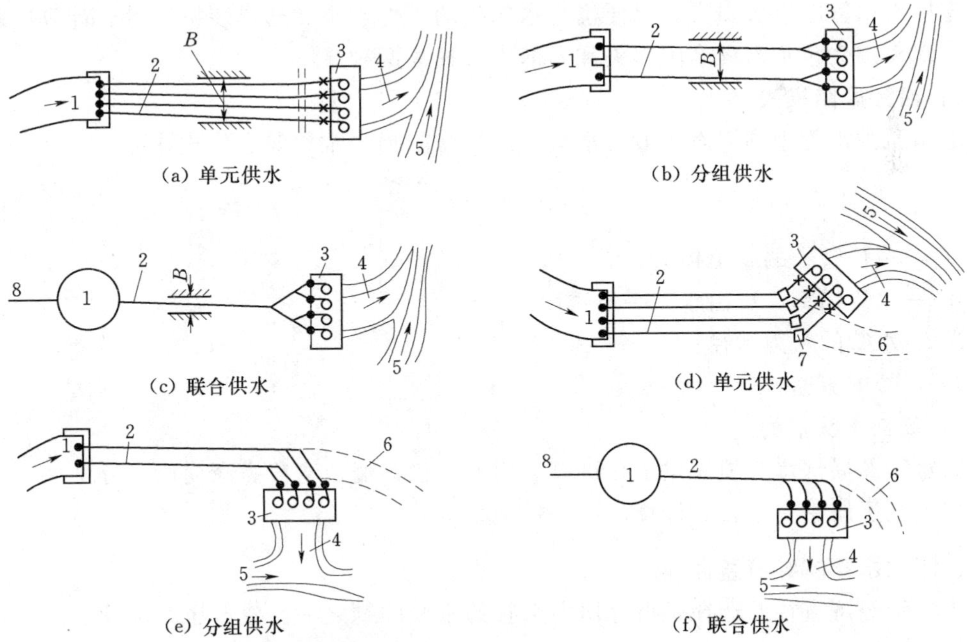

图 5-3　压力水管的供水方式

1—压力前池或调压室；2—压力水管；3—厂房；4—尾水管；5—河流；6—排水渠；7—镇墩；8—压力隧洞；●—必须设置的阀门；×—有时可不设的阀门；B—管沟开挖宽度

(三)分组供水(多管多机)

每根主管在末端分岔后向两台或两台以上机组供水，如图 5-3 (b)、(e) 所示。这种供水方式的优缺点与联合供水方式相似，只是当一根主管发生故障或检修时，不致造成电站所有机组停止运行，一般适用于管线较长、机组台数较多的电站。

无论采用联合供水或者分组供水，与每根水管相连的机组台数一般不超过 4 台。

根据压力水管的轴线与厂房的相对方向，压力水管进水方式有以下三种：

(1) 正向进水，如图 5-3 (a)、(b)、(c) 所示。正向进水的优点是管线较短，水头损失也较小；缺点是当水管失事破裂时，水流直泻而下，危及厂房安全。这种布置方式一般适用于水头较低、水管较短的水电站。

(2) 侧向进水，如图 5-3 (e)、(f) 所示。侧向进水的优点是当水管破裂后，泄流可从排水渠排走，不致直冲厂房，但管材用量增加，水头损失也较大。

(3) 斜向进水，如图 5-3 (d) 所示。优缺点介于上述两种进水方式之间。

在确定上述布置方式时，除考虑各种布置的优、缺点外，还应综合考虑厂区布置要求以及地形、地质条件等因素。

任务3 了解压力水管的水力计算与尺寸拟定

一、压力水管水力计算的内容和要求

压力水管的水力计算包括恒定流计算和非恒定流(水击)计算两部分。恒定流的计算主要是确定压力水管的水头损失，以便确定水轮机的工作水头、选择装机容量、计算电能和确定管径。水头损失包括沿程摩阻损失和局部水头损失两种。

(一)沿程摩阻损失

水电站压力水管中的流态一般为紊流，沿程摩阻损失常用曼宁公式计算：

$$i=\frac{n^2}{R^{4/3}}v^2 \tag{5-1}$$

式中 i——单位管长的摩阻损失；

n——水管糙率，可由水工手册选用；

R——水管的水力半径；

v——管中流速。

(二)局部水头损失

压力水管的局部水头损失发生在进口、门槽、拦污栅、弯段、渐变段、分岔处，可根据水力学或水工手册中有关公式计算。

二、压力水管的经济直径

压力水管经济直径的选择是设计压力水管的重要问题之一。建造压力水管需要一定的基建投资 $K_{管}$，它包括水管材料、制造安装、平整场地、建筑镇墩等费用。压力水管建成后，每年还要支付运行费用 $C_{管}$。发电引用流量通过压力水管，会产生水头损失 Δh，从而导致电能损失 ΔE，这部分损失了的电能将由系统中替代电站(一般为火电站)发出，从而使替代电站增加一部分基建投资 $K_{火}$ 和年运行费 $C_{火}$。

输送一定的发电流量 Q，压力水管可采用不同的直径 D。D 选择得大，则费用 $K_{管}$ 和 $C_{管}$ 高，但管中流速低，水头损失 Δh 小，电能损失 ΔE 也小，替代电站的 $K_{火}$ 和 $C_{火}$ 也低；D 选择得小，则与上述情况相反。相应于某一压力水管直径 D 的电力系统年费用（或总费用）为压力水管与替代电站两部分年费用（或总费用）之和。使系统年费用（或总费用）为最小的压力水管直径称为经济直径。为了确定压力水管的经济直径，可拟定若干不同的管径方案，分别计算其电力系统年费用（或总费用），然后用年费用（或总费用）最小法进行管径的选择。

我国目前尚无经济直径的通用公式，国外的公式由于各国情况不同，不宜套用。有关经济直径的选择问题，应通过经济评价确定。

对于中小型和不太重要的水电站，可采用经济流速 $v_{经}$ 来选择压力水管的经济直径：

$$D_{经}=\sqrt{4Q_{设}/(\pi v_{经})} \tag{5-2}$$

式中　$D_{经}$——压力水管经济直径；

$Q_{设}$——压力水管的设计流量；

$v_{经}$——经济流速。

在可行性研究和初步设计阶段，也可以用下面的经验公式来选择压力水管的经济直径：

$$D=\sqrt[7]{\frac{5.2Q_{max}^3}{H}} \tag{5-3}$$

式中　Q_{max}——压力水管设计流量，m^3/s；

H——设计水头（包括水锤压力），m。

根据一般经验，对于明钢管和地下埋管，$v_{经}=4\sim6m/s$；对于坝内埋管，当设计水头为30～70m时，$v_{经}=3\sim6m/s$，设计水头为70～100m时，$v_{经}=5\sim7m/s$；对于钢筋混凝土压力水管，$v_{经}=2\sim4m/s$。

水电站压力钢管的直径随水头增高而逐渐减小是经济合理的，但变径次数不宜过多。通常，压力钢管直径变化都在镇墩处分段并在该处缩小，如图5-4所示。

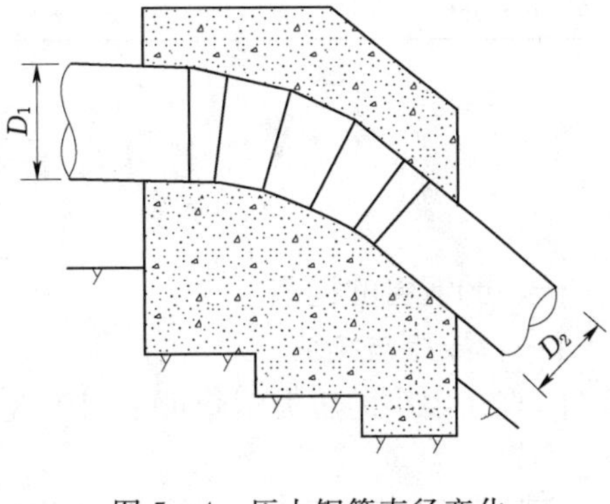

图5-4　压力钢管直径变化

三、钢管管壁厚度的初步确定

明钢管所承受的荷载主要是内水压力，所以在设计压力钢管时，一般只考虑内水压力，初步确定各管段所需的管壁厚度，然后再对典型断面进行较详细的应力分析，校核管壁厚度是否满足强度和稳定的要求。

初步确定管壁厚度时，考虑到内水压力是钢管的主要荷载，所以按强度要求可近似地采用“锅炉”公式，用降低管壁材料容许应力的方法来估算厚度，即

$$\delta \geqslant \frac{\gamma H_p r}{\varphi[\sigma]} \tag{5-4}$$

式中　γ——水的容重，N/m^3；

H_p——内水压力，m，包括水击值，初估时水击值按静水头的15%～30%计，高水头用小值，低水头用大值；

φ——焊缝系数，φ 取值 0.90～0.95，双面对接焊取 0.95，单面对接焊取 0.90；

r——管的内半径，m；

$[\sigma]$——管壁钢材的容许应力，Pa，通常由表 5－1 查得后再降低 15%～25%。

表 5－1　　钢材的容许应力

应力区域		膜应力区		局部应力区				备　注
荷载组合		基本	特殊	基本		特殊		σ_s 为钢材的屈服强度
产生应力的内力		轴力		轴力	轴力和弯矩	轴力	轴力和弯矩	
容许应力	明钢管	$0.55\sigma_s$	$0.7\sigma_s$	$0.67\sigma_s$	$0.85\sigma_s$	$0.8\sigma_s$	$1.0\sigma_s$	
	地下钢管	$0.67\sigma_s$	$0.9\sigma_s$					
	坝内埋管	$0.67\sigma_s$	$(0.8\sim0.9)\sigma_s$					

另外，考虑到钢板厚度的制造精度以及钢管运行中的磨损和锈蚀，初步确定管壁厚度时，应在计算厚度的基础上再加 2mm。

在钢管的设计中，对于某一直径的钢管有一个最小管壁厚度的规定。管壁最小厚度包括防锈蚀厚度，除满足结构强度要求外，还应考虑制造、运输、安装等要求，保证必要的刚度，规范规定管壁厚度不宜小于表 5－2 所列的数值。

表 5－2　　钢管最小管壁厚度

外径/mm	870 以下	920～1530	1630～4040	4240～6040	6240～7050
最小壁厚/mm	6	8	10	12	14

任务 4　了解明钢管的构造和附件

一、明钢管的构造

（一）接缝与接头

除直径很小的压力钢管可采用无缝钢管外，钢管大多采用钢板焊接而成。焊接管的接缝分为纵缝（平行于管轴）和横缝（垂直于管轴）两种，如图 5－5 所示为接缝的方向和位置，因接缝处可能成为弱点，故相邻段的纵缝应当错开，并且避免布置在横断面应力较大的水平轴线和竖直轴线上，与水平轴线和竖直轴线的夹角应大于 15°。纵缝承受很大的环向托力，必须采用对接焊；横缝受力较小，允许搭接焊，但也很少采用。焊缝质量应按规定用射线法或超声波法进行探伤检查。

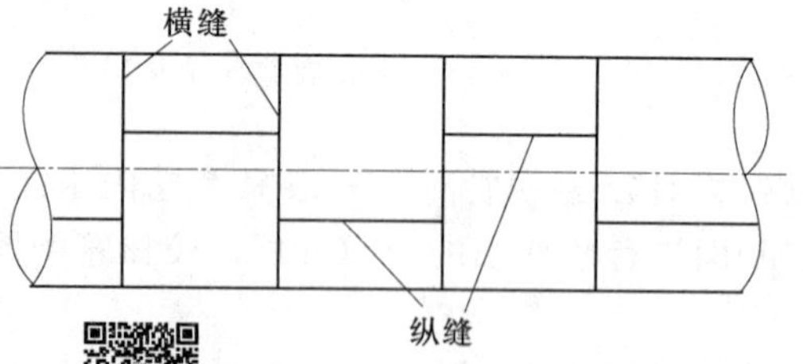

图 5－5　钢管的纵缝与横缝

直径较小的钢管，大多在工厂中加工成 4～6m 长的管段，然后运至工地逐段用横缝连成整体。不宜在现场焊接纵缝，因其质量较难保证，只有在管径很大，运输不便时才就地焊接纵缝，但必须有相应的工艺措施，以保证质量。横缝间距不应小于 500mm。

管段之间除可用横缝连接外，也可用法兰连接，其优点是容易拆卸，但材料用量较多，只在特殊部位采用。如图5-6所示为各种常用的法兰接头，图（a）为固定式，图（b）为焊接式，图（c）与图（d）为分离式。图（d）所示的法兰接头可有一定的相对位移（线位移或角位移），当压力钢管的镇墩可能发生沉陷时，采用此种接头是有利的。

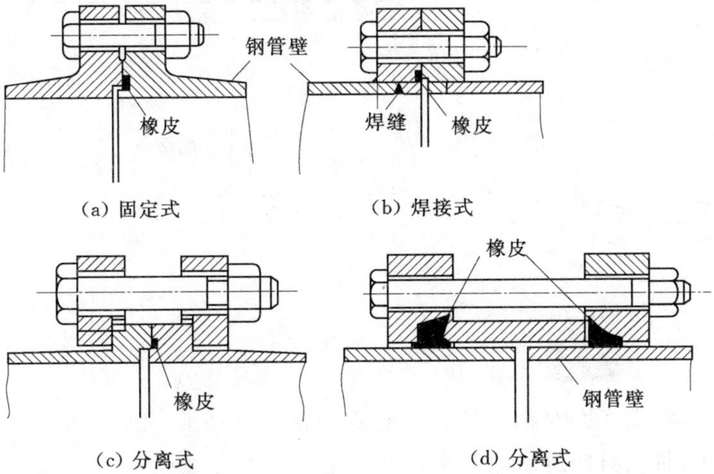

图5-6　几种常见的法兰连接

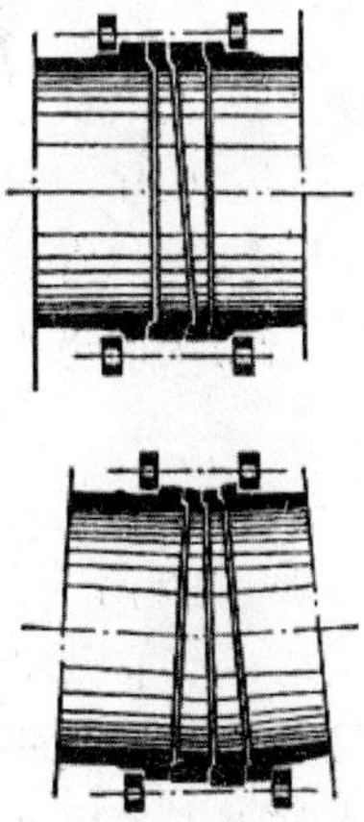

图5-7　双楔环

为了消除管段在制造安装过程中产生的误差，可采用如图5-7所示的双楔环连接，转动楔形环的位置可以调整钢管轴线的角度。

（二）弯管与渐变管

钢管在水平面内或竖直面内改变方向时，需要装设弯管。弯管由钢板焊接而成，如图5-8所示。两种不同直径的钢管段连接时，需要设置一段直径逐渐变化的渐变管，为了减小水头损失，渐变管的收缩角θ不宜过大，但θ太小，又将使渐变管过长而增加材料用量，通常采用$\theta=10°\sim16°$，渐变管与相邻管段之间常以横缝连接，如图5-9所示。当渐变管与弯管位置相近时，应合并成渐变弯管。分段式钢管的弯管与渐变管均埋设于镇墩中。

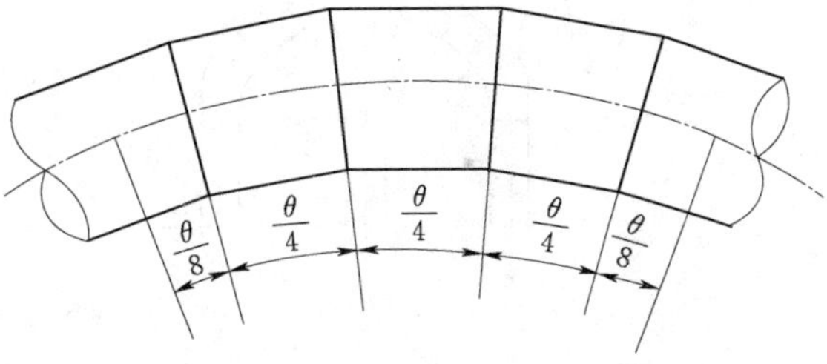

图5-8　弯管

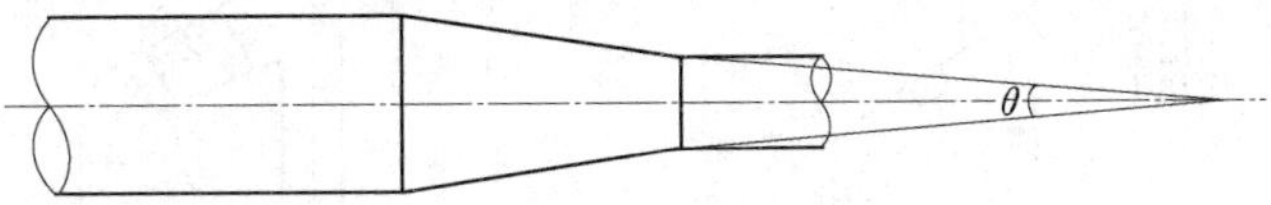

图5-9　渐变管

（三）刚性环（加劲环）

钢管为薄壁结构，为了增加其强度和抵抗外压的能力，单纯增加管壁的厚度往往是不经济的，有时可考虑增设刚性环，如图5-10所示，刚性环多用T形或槽形的型钢制作，其断面尺寸由钢管的强度计算和稳定计算确定。

（四）分岔管

水电站采用联合供水或分组供水时，一根压力水管需要分成几根支管，必须设置分岔

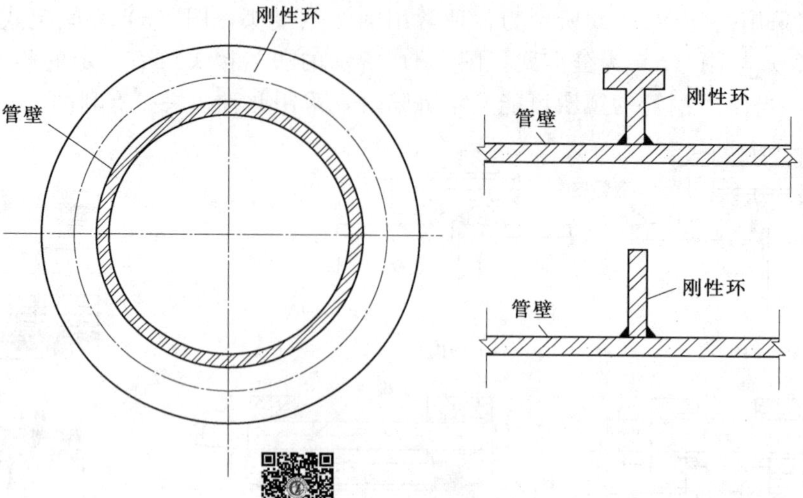

图5-10　刚性环

管。常见的分岔管有两种基本型式，即对称分岔和非对称分岔，如图5-11所示，当钢管为正向进水时，多采用前者；侧向或斜向进水时，多采用后者。

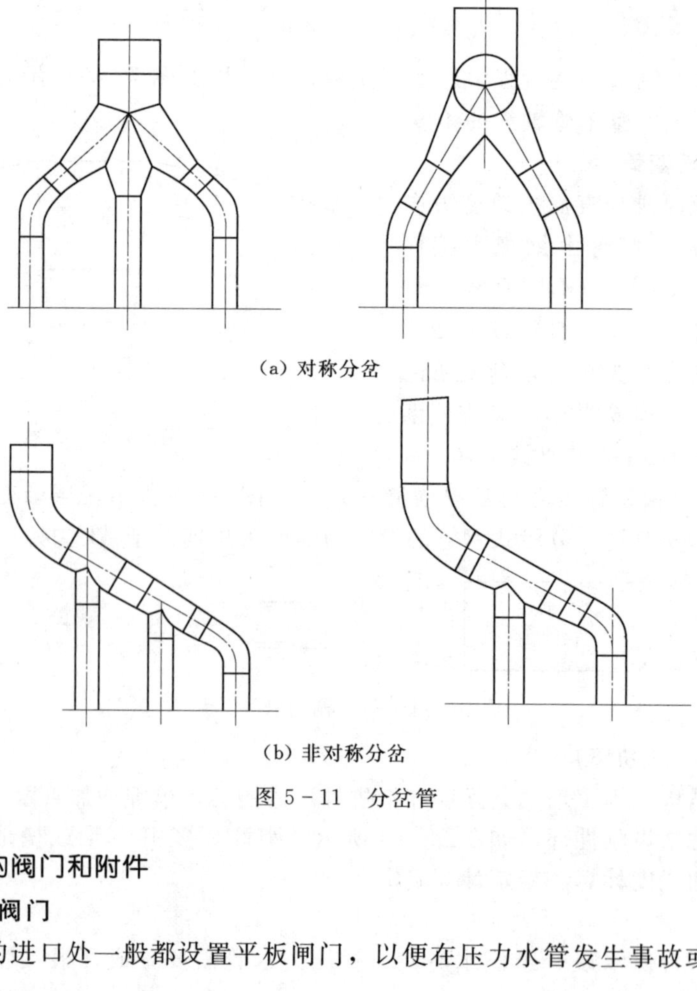

(a) 对称分岔

(b) 非对称分岔

图5-11　分岔管

二、明钢管的阀门和附件

(一) 闸门及阀门

在压力水管的进口处一般都设置平板闸门，以便在压力水管发生事故或检修时用以切断水流。平板闸门价格便宜，构造简单，便于制造，常以此代替阀门。对于上游有压力前池或调压室的明管，为了在发生事故时紧急关闭和检修放空水管的需要，在钢管进口处一般也要设置闸门，闸门装在压力前池或调压室内。

阀门一般设置在紧靠压力水管末端，即水轮机蜗壳进口处的钢管上。在分组供水和联合供水时，为避免一台机组检修影响其他机组的正常运行，或在调速器、导水叶发生故障时紧急切断水流，防止机组产生飞逸，在每台机组前都应设置阀门，通常称为下阀门。坝内埋管长度较小，只需在进口处设置闸门，不设下阀门。有时虽是单独供水，但水头较高、容量较大时也要设下阀门。水电站压力水管的阀门常见的有以下三种。

1. 闸阀

闸阀如图 5 - 12 所示，由框架和板面构成的闸板，装在阀壳内成整体结构，闸板支承于阀壳两侧的门槽中，用操作杆使其上下移动启闭。启闭闸阀可用手动、电动或液压等方式。闸阀的装置与维修比较简单，止水紧密，但启闭力大，启闭速度较缓慢，封水环易磨损，也容易产生气蚀现象，只适用于直径较小的压力钢管。

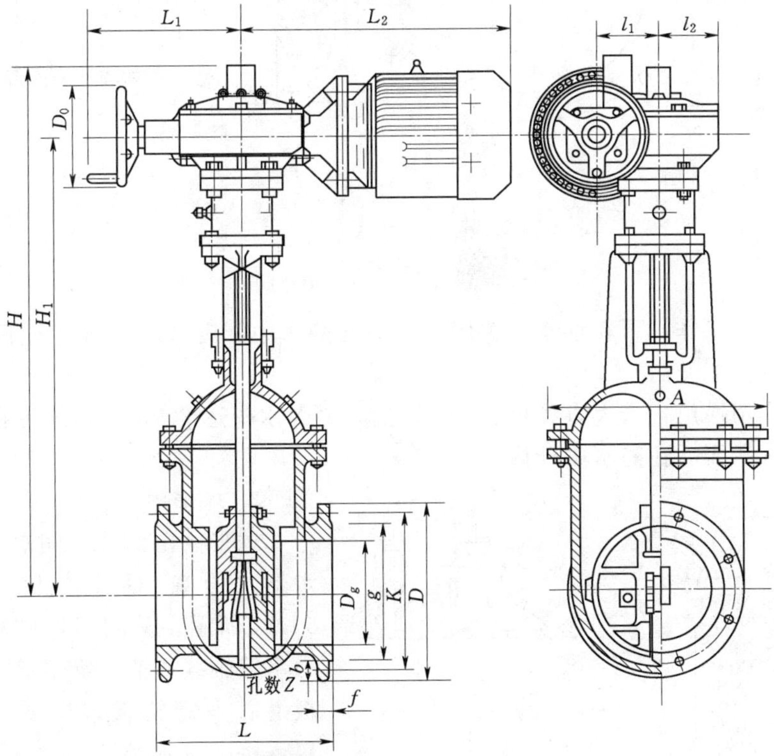

图 5 - 12　电动闸阀

2. 蝴蝶阀

蝴蝶阀简称蝶阀，是由阀壳、支承在旋转轴上的阀盘及其他附件组成的，如图 5 - 13 所示。蝶阀的启用力小，动作迅速，钢材用量较其他型式的阀门少。但止水不够严密，开启工作状态时的水头损失较大。若采用在阀门周边嵌置橡皮止水或压缩空气围带止水的蝶阀，则漏水问题可大为改善。

蝶阀可采用手动、电动或液压等操作方式。转轴分水平装置和竖直装置两种。蝶阀不能

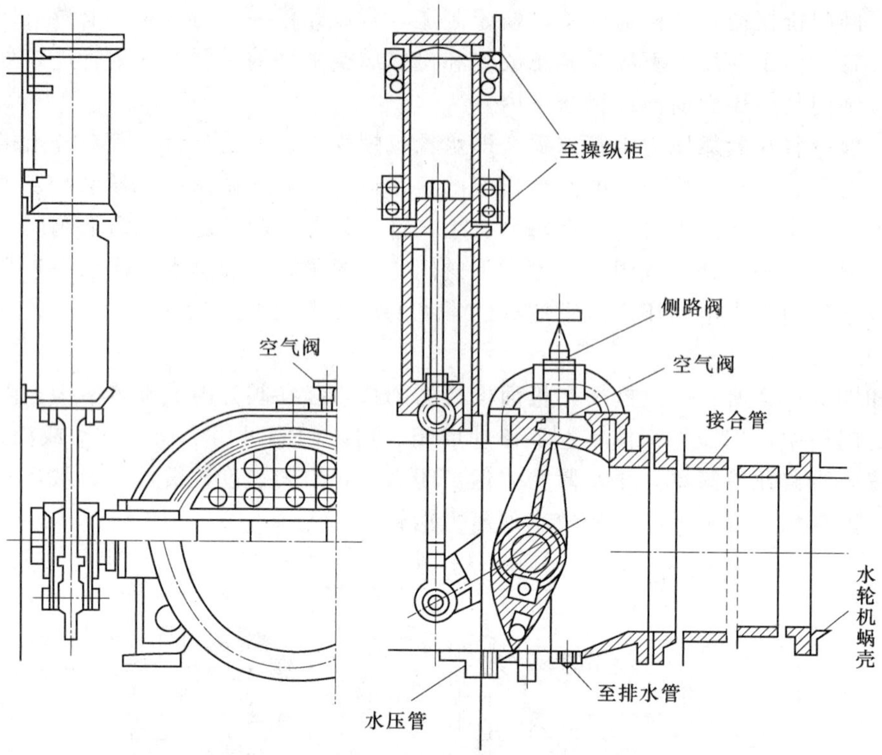

图 5-13 蝴蝶阀

在部分开启状态下工作，可在动水中关闭，但应在静水中开启（由旁通管向下游充水，待上下游水压平衡后方能开启）。

目前蝶阀应用最广，最大直径可达 8m 以上，最大水头达 200m。蝶阀可在动水中关闭，但必须用旁通管平压后在静水中开启。

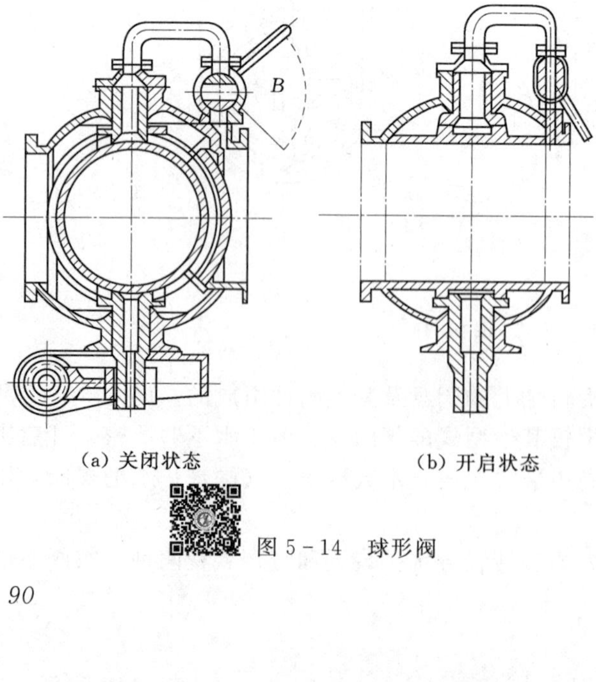

图 5-14 球形阀

3. 球形阀

球形阀由阀壳、可转动的圆柱体堵水器（栓塞）及其他附件组成，如图 5-14 所示。关闭时，圆柱体轴线与压力水管轴线垂直，装在圆柱体外面的封板沿着一定轨道转向要封闭的下游孔口，将高压水流引向封板前的空筒中，使板紧压在下游管口的阀座上，形成严密的关闭；开启时，将封板前空筒中的高压水排往下游，并同时利用旁通管及活门向下游管充水，在板的另一边形成反向压力，使封板离开阀座，圆柱体即转向开启位置，此时圆柱体轴线与握力水管轴线一致。

球形阀的强度高，止水效果好，封水环不易磨损，水头损失很小（可以忽略不计），但结构复杂，造价高。球形阀在动水中关闭，静水中开启，不能在部分开启状态下工作，多用于100m以上的高水头电站压力水管末端，用电动或液压方式操作。国外最大球形阀直径达3.4m，最大水头达850m以上。

（二）附件

明钢管的附件有伸缩接头、通气阀、进人孔、排水阀和过流保护装置等。

1. 伸缩接头（伸缩节）

固定在两镇墩间的压力水管，当温度变化时，将沿管轴线发生伸缩，在管壁中产生很大的温度应力。为了避免此种现象，在两镇墩之间（一般是紧靠镇墩的下游，离上镇墩1～2m）设置伸缩接头，使钢管在温度变化时，能沿轴向自由伸缩或同时有微小的角度变位。常用的伸缩接头为滑动套管式，其构造如图5-15（a）所示，在相邻两管段的下游管段上焊接一固定的套管，上游管段深入其中，在套管与钢管之间的环形缝隙中填以在动物油（如牛油）和石墨粉中浸煮过的石棉盘根，依靠拧紧安装在套管上的螺栓，使压环将环形缝隙中的石棉盘根压紧，以达到止水的目的。图5-15（b）所示为一种简易的伸缩接头，它利用橡胶圈止水，效果尚好，可用于直径较小的压力钢管上。伸缩接头的间距不宜超过150m。在小型水电站中，如果压力钢管用法兰连接且管段不长（不超过3～4m），可以不设伸缩接头。

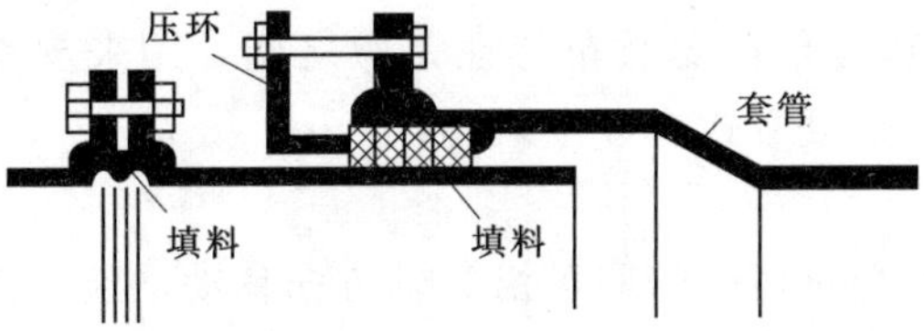

(a) 滑动套管式伸缩接头

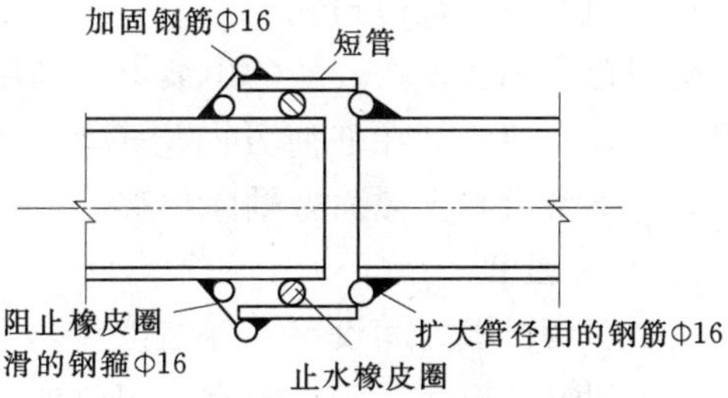

(b) 简易伸缩接头

图5-15　伸缩接头

2. 通气阀

通气阀常布置在紧靠压力钢管首端快速闸门的下游，其作用与通气孔相似，有多种型式，如图5-16是其中的一种。当闸门紧急关闭时，压力钢管中的压力急剧降低，通气阀的浮筒随水位下降而下沉，使空气进入压力钢管；当压力钢管充水时，空气由通气阀排出，浮筒随压力钢管中的水位上升而浮起，使通气阀关闭。

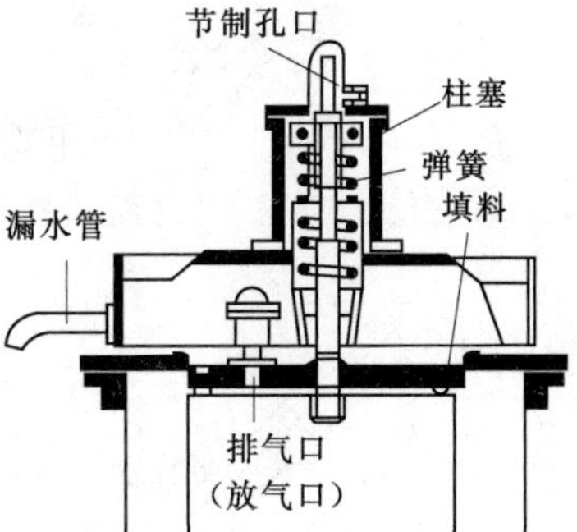

图5-16　通气阀

3. 进人孔与排水阀

为了便于观察和检修压力钢管内部，应当在压力钢管的适当位置（如镇墩处）设置进人孔。进人孔截面常做成直径不小于45cm的圆孔或短轴不小于45cm的椭圆孔。进人孔间距一般不超过150m，其型式很多，如图5-17所示为其中的一种。当压力钢管直径小于800mm时，可不设进人孔。

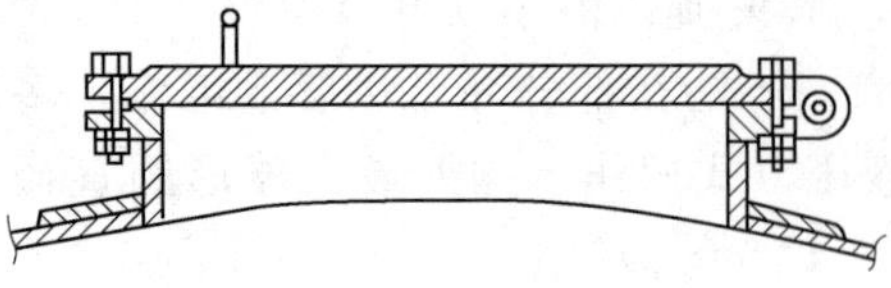

图 5-17 进人孔

通常在压力钢管的最低点设置排水阀，以便在检修钢管时将水放空。

4. 钢管的过流保护装置和防腐蚀措施

对于大型钢管，可装设过流保护装置。这种装置能反映钢管破裂后管内流速增大的现象，迅速发出信号，使进口闸阀关闭，防止事故扩大。此外，压力钢管上还可能装有测量压力、流量和管壁应力的设备。

为了防止压力钢管管壁内、外表面被泥沙磨损和锈蚀，常采取以下两种措施：

（1）在管壁内、外表面上喷镀一层厚 150～200μm 的锌，再加涂一层涂料。

（2）采用油漆涂料保护。外壁常用醇酸（红丹环氧酯做底漆，灰醇酸磁漆做面漆）、铅粉氯化橡胶漆或环氧沥青漆等涂料，底漆两道，灰色面漆 1～2 道，总厚度为 100～150μm；内壁则常用聚氨酯沥青、环氧沥青或氯化橡胶等涂料，涂 2～4 道，总厚度为 150～200μm。

在严寒地区，明钢管应有防冻设施。

任务5 了解明钢管的敷设方式和支承结构

一、明钢管的敷设方式

明钢管大都敷设在较陡的山坡上，利用墩座固定和支承，墩座分为镇墩和支墩。镇墩用来固定钢管，使钢管在任何方向均不发生位移和转角；支墩布置在镇墩之间，用来支承钢管，允许钢管沿其支撑面做轴向位移。明钢管的敷设方式有以下两种。

（一）分段式

在相邻两镇墩之间设置一伸缩接头，当温度变化对，管段可沿管轴方向移动，因而消除了管壁中的温度应力。明钢管宜采用此种敷设方式，如图 5-18（a）所示。

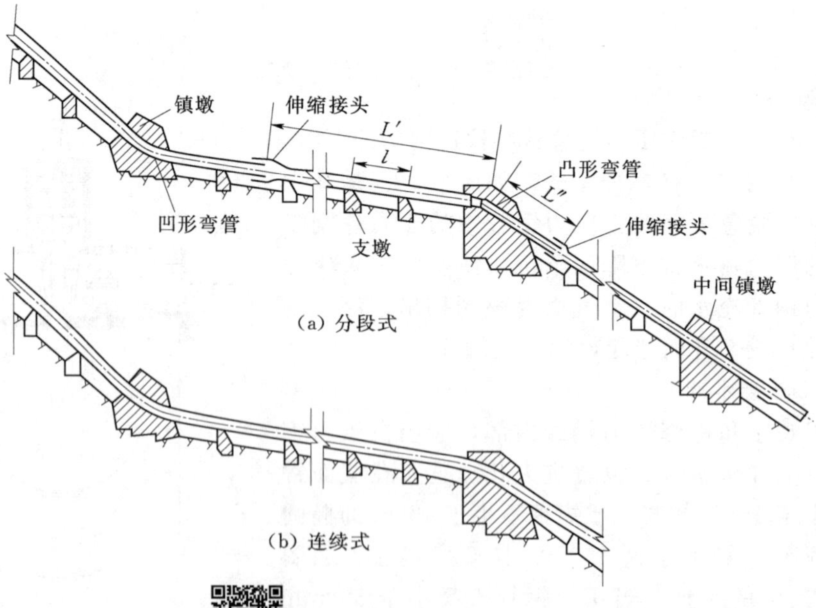

(a) 分段式

(b) 连续式

图 5-18 明钢管的敷设方式

（二）连续式

两镇墩之间不设伸缩接头，在管身的适当位置设置一些可以自由转动的转角接头。当温度变化时，通过转角接头的角变位来调整管身的伸缩，在一定条件下可能是经济合理的，如图5-18（b）所示，我国很少用。

为了使钢管受力明确并易于维护检修，要求钢管底部高出地面不小于60cm。

二、镇墩和支墩的构造型式

（一）镇墩

镇墩布置在制管的转弯处或很长的直线上，如图5-18所示。布置在钢管向上弯曲处（即凹形弯管处）的镇墩，自上、下游管段传来的轴向力的水平分力，有使镇墩沿地面滑动的趋势，但轴向力的垂直分力则对镇墩稳定有利，故镇墩所需体积一般较小。布置在钢管向下弯曲处（即凸形弯管处）的镇墩，除轴向力的水平分力有使镇墩沿地面滑动的趋势外，其垂直分力是背离地面的，对镇墩的稳定更为不利，故镇墩所需体积一般较大。在一段长而直的管段上，一般每隔100～150m应设置一中间镇墩，以减小作用于镇墩上的力，这种中间镇墩的稳定情况介于述两种镇墩之间。

镇墩为混凝土重力结构，混凝土标号不应低于C15。在土基上，镇墩底面做成水平的，在严寒地区，镇墩应埋入冻土线以下。在岩基上，镇墩底面可做成阶梯式，如图5-19所示。镇墩底面宜与作用在镇墩上诸外力之合力相垂直。明钢管末端紧接厂房的镇墩宜与厂房基础分开。

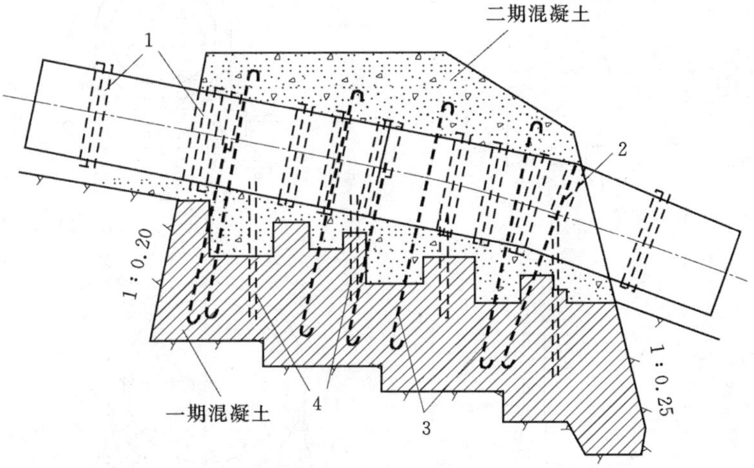

（a）封闭式

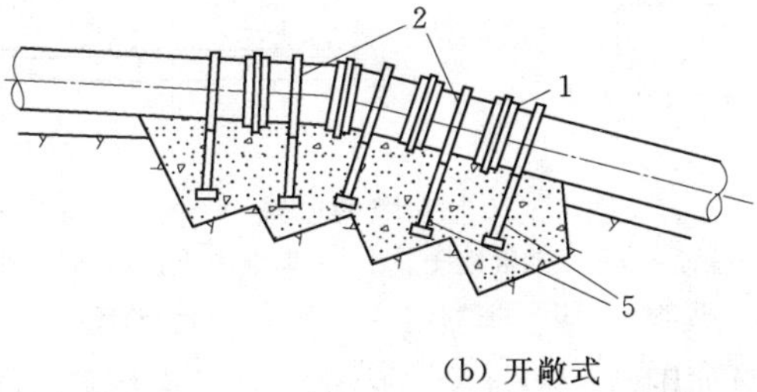

（b）开敞式

图5-19　镇墩的构造型式

1—肋环；2—拉环；3—锚筋；4—插筋；5—锚栓

按钢管在镇墩上的固定方式，镇墩可分为封闭式和开敞式两种型式，如图 5-19（a）、（b）所示，前者结构简单，节约钢材，钢管固定性好，分段式钢管宜采用此种型式的镇墩；后者易于检修，但镇墩处钢管受力不均匀，多用于镇墩受力较小的情况。封闭式镇墩的内层（钢管外壁）宜配置钢筋，凸形弯管处的镇墩必须配置锚筋。

（二）支墩（支座）

分段式钢管的支墩应使钢管能轴向自由伸缩，并能防止钢管横向滑脱，支墩间距应通过应力分析和钢管的振动分析，并考虑安装条件、支墩型式、地基条件等因素确定，对于中小型钢管，一般为 6～12m。在相邻两镇墩之间，支墩宜按等间距布置，设有伸缩接头的一跨，间距宜缩短。

常用的支墩有以下几种型式。

1. 滑动式支墩

（1）鞍形支墩。鞍形支墩如图 5-20（a）所示，钢管直接搁置在混凝土支墩的鞍面上，支墩的包角可采用 90°～135°，支墩的鞍面上镶以加强钢板，可以在管壁与支墩的接触断面上加润滑剂或石墨垫片，以减小钢管伸缩时的摩擦力。对于经常涂有润滑剂的鞍形支墩，摩擦系数 f 采用 0.3；对于未加润滑剂的 f 采用 0.5。鞍形支墩一般适用于直径小于 1m 的钢管，支墩间距一般为 6～8m。

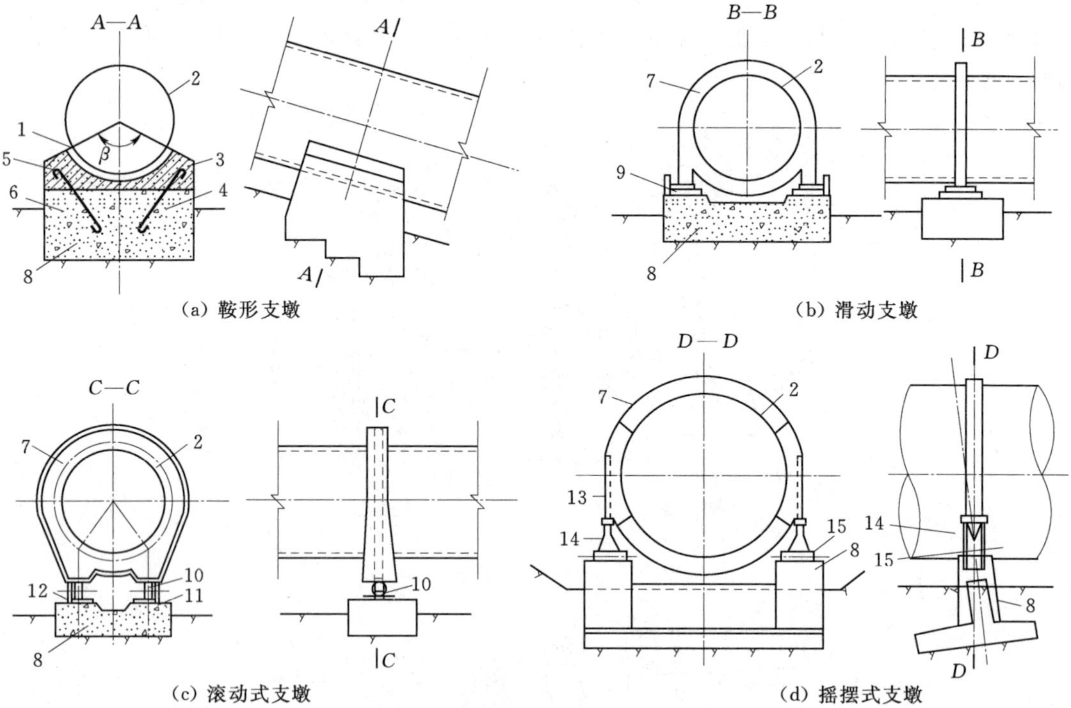

(a) 鞍形支墩　(b) 滑动支墩　(c) 滚动式支墩　(d) 摇摆式支墩

图 5-20　支墩的型式

1—钢板；2—钢管；3—插筋；4—锚筋；5—二期混凝土；6—一期混凝土；7—支承环；8—支墩；9—滑动面；10—滑轮；11—钢垫板；12—侧挡板；13—支柱；14—摆柱；15—转轴

（2）滑动支墩。滑动支墩如图 5-20（b）所示，为了克服鞍形支墩在支承处钢管的受力不均的缺点，在支承处设置了支承环。其摩擦系数 f 的取值与鞍形支墩基本相同。滑动支墩适用于直径 1～3m 的钢管，支墩间距一般为 8～12m。

2. 滚动式支墩

滚动式支墩如图5-20（c）所示，钢管通过滚轮支承在支墩顶面的固定钢板上，滚轮安装在支承环下端。滚轮数可不止一个，外侧设有防止横向位移的侧挡板。这种支墩的摩擦力很小，摩擦系数 f 可采用0.1。滚动式支墩适用于直径较大的钢管。

3. 摇摆式支墩

摇摆式支墩如图5-20（d）所示，这种支墩的特点是在支承环与墩座之间设一摆动短柱，摆柱下端与墩座铰接，上端以圆弧面与支承环的承板接触，当钢管伸缩时，短柱以铰为中心前后摆动。这种支墩的摩擦力更小，摩擦系数可近似取0.05。

任务6 了解分岔管

对于联合供水或分组供水的压力钢管，主管末端与支管连接处需要设置分岔管，也称岔管。

一、岔管的特点与设计要求

（一）岔管的工作特点

岔管的工作特点是结构复杂，水头损失大，靠近厂房，承受很大的内水压力。岔管的布置应考虑地形、地质、厂房布置和水头损失等因素，应确保结构安全，造价经济。

（二）岔管的受力特点

在压力水管的分岔处，管壁因互相切割而不再是一个完整的圆形，由内水压力所产生的环向力不能平衡，故必须采取加固措施，来承受被割裂处管壁的环向力。

此外，在有些情况下管壁还存在轴向力，此轴向力也不能平衡，需由加强构件承担。从而造成了岔管结构的复杂。

在计算力学和计算机这种计算工具应用于工程之前，对这种复杂受力结构只能简化成平面问题进行近似计算。岔管的加强梁有时需要锻造，卷板和焊接后需做调整残余应力处理，因而制造工艺比较复杂。

二、几种常用的岔管

根据岔管的体型和加固方式，水电站常用的岔管有以下几种，如图5-21所示。

（一）三梁岔管

三梁岔管是由一个U形梁和两个腰梁组成的梁系空间结构，互相支承，共同承担全部不平衡区的内水压力，如图5-21（a）所示。梁的截面一般为矩形或T形，沿相贯线在管壳外或部分镶嵌入管壳内布置，后者受力条件较好，但水头损失较大。

三梁岔管的主要缺点是梁系中的应力主要是弯曲应力，材料的强度未得到充分利用，弯曲梁（特别是U形梁）常常需要高大的截面，这不但浪费了材料，加大了岔管的轮尺寸，而且可能需要锻造，焊接后还可能需要进行热处理。由于梁的刚度较大，对管壳有较强的约束，使梁附近的管壳产生较大的局部应力。同时，在内水压力的作用下，由于相贯线的垂直变位较小，三梁岔管用于埋管则不能充分利用围岩的抗力。因此，三梁岔管常用于内水压力较高、直径不大的明管道。

（二）贴边岔管

如图5-21（b）所示，贴边岔管在相贯线的两侧用补强板加同，补强板与管壁焊接，

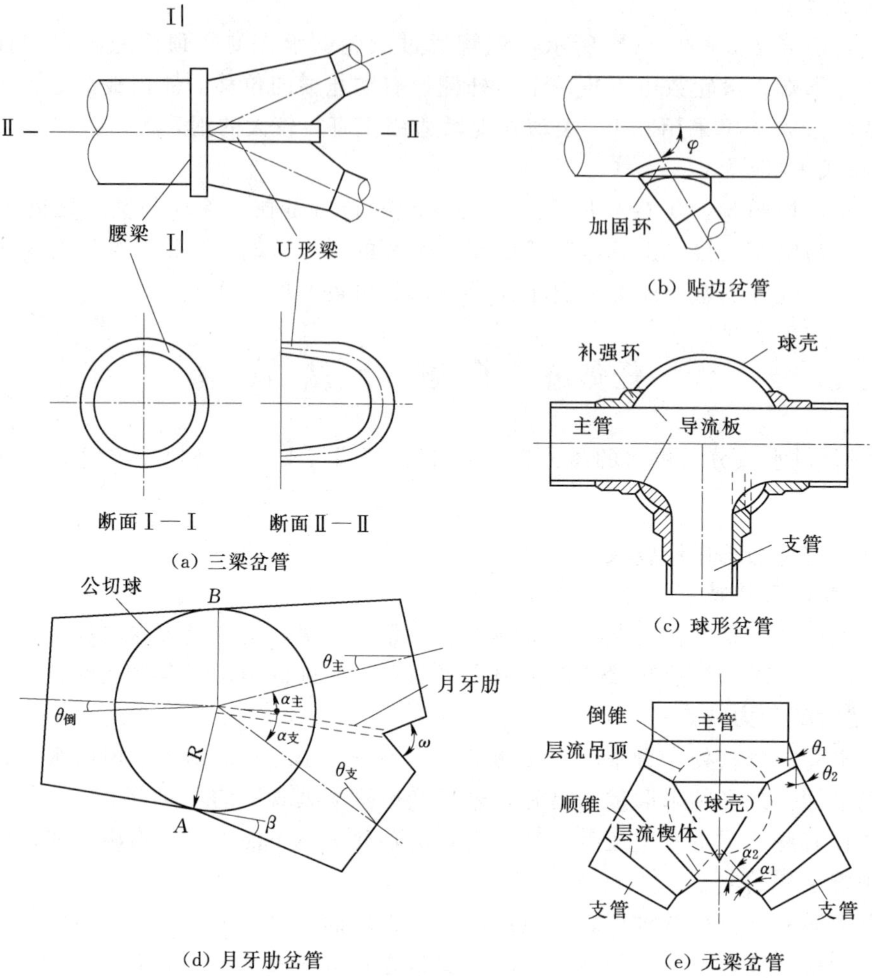

图 5-21 常用的岔管型式

可加于管外，也可同时加于管内和管外。贴边岔管的特点是补强板的刚度较小（与前面的加固梁比较而言），不平衡区的内水压力由补强板和管壁共同承担，适用于中、低水头的 Y 形地下埋管，特别适用于支、主管直径之比（d/D）在 0.5 以下的情况；此比值大于 0.7 时，不宜采用贴边岔管。

（三）球形岔管

如图 5-21（c）所示，球形岔管是由球壳、主管与支管、补强环和内部导流板组成的。在内水压力作用下，球壳应力仅为同直径管壳环向应力的一半，因此球形岔管适用于高水头电站。球形岔管突然扩大的球体对水流不利。为了改善水流条件，常在球壳内设导流板。导流板上设平压孔，因此不承受内水压力，仅起导流作用。球形岔管的优点是布置灵活，支管可为任何方向；缺点是制造工艺复杂，水头损失较大。

（四）月牙肋岔管

月牙肋岔管是三梁岔管的一种发展。三梁岔管的 U 形梁嵌入管壳能够改善其应力状态。月牙肋岔管用一个完全嵌入管壳内的月牙形肋板代替三梁岔管的 U 形梁，并按月牙肋主要承受轴向拉力的原则来确定月牙肋的尺寸。

月牙肋岔管的主管为倒锥管，两个支管为顺锥管，三者有一公切球，以减小流速，从而降低水头损失。由于月牙肋荷载合力基本通过肋板截面形心，使肋板处于轴心受拉状态，材料的强度得以充分发挥。由于肋板厚度不大，可用厚钢板制造，工艺较为简单。我国不少大中型水电站的地下埋管部采用了这种型式的岔管。

水工模型试验表明，在设计分流情况下，月牙肋岔管具有良好的流态，但在非对称水流情况下，插入的肋板对向一侧偏转的水流有阻碍作用，流态趋于恶化。肋板的方向对水流影响较大，在设计岔管的体型时，应注意使肋板平面与主流方向一致。

（五）无梁岔管

无梁岔管是在球形岔管的基础上发展起来的新型岔管。球形岔管的补强环需要锻造，与管壳焊接时要预热，球壳一般也要加热压制成型，有的球形岔管在制成后还要进行整体退火，因此工艺复杂。无梁岔管是用三个渐变的锥管作为主、支管与球壳连接段，以代替球形岔管中的补强环。锥管一端与主、支管连接，另一端与球壳近似沿切线方向衔接，构成一个外形平顺、无明显的不连续结合线的岔管，不仅克服了补强环与管壳刚度不协调的缺点，而且可充分发挥壳体结构的承载能力，结构合理，外形尺寸小，运输、安装均较方便。对埋管来讲，使用无梁岔管有利于利用围岩的弹性抗力。其缺点是体型较复杂，成型工艺难度大，在球壳顶部和底部易产生涡流，分岔处水流较紊乱，为此需在岔管内部设置导流板。无梁岔管适用于大中型电站的地下埋管。

我国采用地下埋藏式岔管较多。目前，对埋藏式岔管的设计仍以明岔管的设计思想为指导，应加强研究埋藏式岔管的合理型式，以便利用围岩承担更多的内水压力。在地质条件较好和地应力满足要求情况下，也可不用钢岔管而采用钢筋混凝土岔管。

任务7　了解水击及调节保证计算

一、水击的基本概念

（一）水击现象和水击波的传播过程

水轮机调节中突然开、闭导叶时，压力水管内水流量、流速急剧变化，内水压力也将急剧降低或升高。在水流的惯性作用和水体与管壁弹性的影响下，这种降低或升高的压力，以压力波的形式和一定的波速在压力水管中往复传播，形成压力交替升降的波动现象，同时伴有如锤击的声响和振动。这种水力现象称为水击（或水锤），压力波称为水击波。

由水击引起的压力升降数值往往很大，在这种压力的作用下，应考虑水体的压缩性和膨胀性。引起水击的根本原因就在于压力水管中水流的惯性和弹性的相互作用。

下面将研究一下压力水管材料、管壁厚度δ、管道直径D沿管长不变的简单管道。其初始平均流速为v_0，压力水管末端阀门处水头为H_0，当不计水头损失时阀门突然关闭（关闭时间$T_s=0$）后的水击波传播过程如图5-22所示。

1. *第一状态*

在紧急情况下，压力水管末端的阀门在$T_s=0$时瞬时关闭，靠近阀门处的一段长度为ΔL的微小水体首先停止流动（流速由v_0变为0）。但因为水流的惯性作用，上游水体仍然

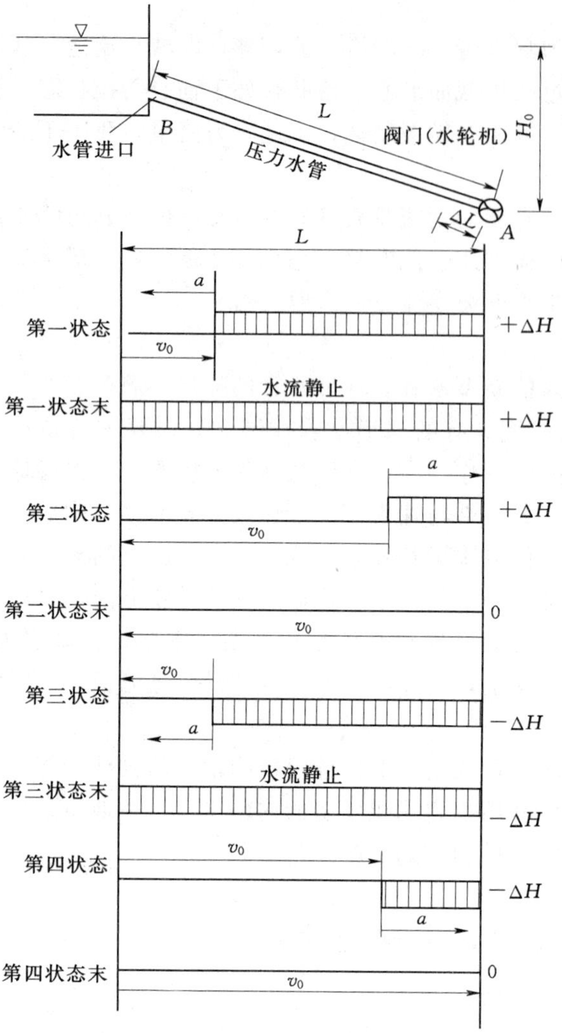

图 5－22　阀门瞬时（$T_s=0$）全关时压力水管中水击波的传播过程

以流速 v_0 流向阀门处，在水流的作用力与阀门的反作用力的作用下，ΔL 段水体被压缩，水体密度增大，内水压力由 P_0 升高至 $P_0+\Delta P$，其中 ΔP 称为水击压力（若 P_0 与 ΔP 以水头表示，则分别为 H_0 和 ΔH）。在 ΔH 的作用下管壁膨胀，同时沿管轴方向形成一微小空间，当后来的水体充满此空间后，第二段微小水体受阻也停止流动，且同前段微小水体一样被压缩、水体密度增大、内水压力升高、管壁膨胀。如此进行下去，形成一个从阀门 A 处向上游传播，水流速度减小为零、内水压力升高的运动，这种现象称为水击波的传播，其波速为 a，此过程时段为 $t=0\sim L/a$，水击所到之处水头升高 ΔH，而波的传播方向与管中恒定流的流动方向相反，水击波为升压逆行波。

2. 第二状态

当 $f=L/a$ 时刻，水击波到达压力水管进口端 B，此时管中水体全部停止流动，整个压力水管中水体的密度增大，管壁膨胀，水头升高 ΔH。由于进口端 B 与水库衔接，库水位可认为保持不变，故 B 断面上游侧的水头仍为 H_0，而且断面下游侧压力水管中的水头为 $H_0+\Delta H$，两侧水压力和水的密度不能均衡，致使紧靠进口的一端微小长度的水体首先由静止状态改变为以流速 v_0 反向流向水库，同时压力由 $H_0+\Delta H$ 降为原来的 H_0，也即水头降低 ΔH，水体的密度和管径也恢复到起始状态。随后，自管道进口端 B 至末端闸门处 A，一段段微小水体的压力、密度和管径也相继恢复原状，并形成一个以降压为特征的水击波，由 B 向 A 传播，称为降压顺行波，它是升压逆行波在水库端的反射波。由于水体和管壁的弹性不变，故反射波的波速也为 a，水击压力仍为 ΔH，但符号相反，即由升压波反射成为降压波，其绝对值相等，故水库端 B 处水击波的反射规律为“异号等值”。直到 $t=2L/a$ 的瞬间反射波到达阀门 A 处，此时整个压力水管的水体压力、密度和管径均恢复至起始状态，但全管水流都以流速 v_0 流向水库。此过程时段为 $t=L/a\sim 2L/a$。

3. 第三状态

在 $t=2L/a$ 时刻，全管水流以流速 v_0 向水库流动，但由于阀门是完全关闭的，靠近阀门的一小段水体停止流动，在水流惯性的作用下，该段水体被“拉长”，水体膨胀，压力减

小 ΔH，密度减小，管壁收缩，以波速 v_0 自 A 至 B 逐段传播，形成降压逆行波，此时是水库反射回来的降压顺行波在阀门处的再一次反射。直到 $t=3L/a$ 时，此降压逆行波传至管道进口端 B，此时整个管道中的流速均为零，压力由 H_0 减至 $H_0-\Delta H$，同时处于水体膨胀、管壁收缩状态。此过程时段为 $t=2L/a\sim3L/a$。

4. 第四状态

在 $t=3L/a$ 时刻，管道进口端 B 的下游侧比上游侧的压力低 ΔH，在两侧压力差和水体密度差的作用下，B 端的水流又以流速 v_0 向阀门 A 的方向流动，使膨胀的水体恢复到起始时刻的密度，压力也恢复到 H_0。接着自 B 至 A 逐段水体相继发生同样的变化，并以波速 a 向阀门方向传播，即水库端又将阀门反射回来的降压逆行波"异号等值"地反射成升压顺行波，压力增加值仍为 ΔH。直到 $t=4L/a$ 时，升压顺行波又到达阀门 A 处，此时整个水管中的水体流速、压力、密度和管径都恢复到关闭前的起始状态。此过程时段为 $t=3L/a\sim4L/a$。

此后，若不计摩阻作用，则水击波的传播又将重复上述过程，并将不断循环进行下去，实际上管壁的摩阻作用总是存在的，故水击现象会逐渐衰减，并最终消失。

阀门瞬时全部开启时，同样会产生上述水击波的传播现象，其物理本质并无不同。主要差别是在开始时，阀门处的压力将先降低 ΔH，水击波以降压逆行波的形状传向水库端，而水库的第一次反射波则为升压顺行波。此后闸门的反射规律和水击波的传播现象，均与阀门瞬时全部关闭时情况相同。

如上所述，从时间 $t=0$ 至 $t=4L/a$，水击波的传播完成了一个过程，所以将时段 $T=4L/a$ 称为水击波的"周期"。水击波在压力水管中传播一个来回所需要的时间 $t_{相}=2L/a$，称 $t_{相}$ 为水击波的"相"，两相为一个周期。

（二）水击波的传播速度

水击波速是分析水击问题的重要参数，其大小主要与压力水管的直径 D、管壁厚度 δ、水的体积弹性模量 E_0 和管壁材料的弹性模量 E 等因素有关。水击波速的计算公式如下。

（1）均质管水击波速计算公式为：

$$a=\frac{1435}{\sqrt{1+\frac{E_0D}{E\delta}}}\quad(\text{m/s})\tag{5-5}$$

式中 1435——声波在水中的传播速度，m/s；

E_0——水的体积弹性模量，一般取 $E_0=2.06\times10^3\text{MPa}$；

E——管壁材料的弹性模量，对钢材，$E=2.06\times10^5\text{MPa}$，对铸铁，$E=0.98\times10^5\text{MPa}$；

D——管道直径，m；

δ——管壁厚度，m。

通常 $a=800\sim1200\text{m/s}$。对于金属管道，a 值可直接取为 1000m/s。

（2）如管道各段的直径、材料或其他参数不同时，a 可取平均值，计算公式为：

$$a=\frac{\sum L_i}{\sum\frac{L_i}{a_i}}\quad(\text{m/s})\tag{5-6}$$

式中 $\sum L_i$——管道总长，m；

L_i——管道中第 i 段的长度，m；

a_i——管道中第 i 段的水击波速，m/s。

二、水击的计算方法

（一）水击的类型

上述分析的水击现象是假定压力水管阀门瞬时启闭时发生的，阀门处的水击压力 ΔH 也是瞬时产生的，故只考虑了一个水击波在管道中来回传播。实际上启闭压力水管末端的阀门总有一段历时（如反击式水轮机导叶的关闭时间 $t=3\sim8s$）。设关闭阀门的总历时为 T_s，可将其看成由许多连续突然关闭的微小时段组成，每一微小时段的突然关闭，都将在阀门处产生一个水击升压值 ΔH，使该处压力不断升高。每一 ΔH 都有一升压逆行波向水库方向传播。

若 $T_s\leqslant 2L/a$，则当第一个由水库反射回来的降压顺行波尚未到阀门处时，阀门已全部关闭。这样，阀门处的最大水击压力不会受到降压顺行波的影响，故其大小与阀门瞬时关闭的情况相同。这种水击称为直接水击，其数值很大，在水电站工程中应绝对避免。

若 $T_s>2L/a$，则当阀门尚未完全关闭时，从水库反射回来的第一个降压顺行波已到达阀门处，从而使阀门处的水击压力在尚未达到最大值时就受到降压顺行波的影响而减小。这种水击称为间接水击，其值小于直接水击，是水电站经常发生的水击现象。

（二）直接水击的计算

在发生水击时，水电站压力引水系统中任一断面的压力和流速都是随时间变化的。可以根据物理学中的动量定理求得发生直接水击时任一断面水击压力与流速之间的关系，即直接水击计算公式：

$$\Delta H=\frac{a}{g}(v_0-v) \tag{5-7}$$

式中　a——水击波速，m/s；

g——重力加速度，9.8m/s^2；

v_0——管道中水流起始平均流速，m/s；

v——阀门关闭完成后阀门处流速，m/s。

从式（5-7）中可以看出：

（1）若 $v_0>v$，即阀门关闭时，起始流速 v_0 大于终了流速 v，ΔH 为正值，压力水管中产生正水击；反之若 $v_0<v$，即阀门开启时，产生负水击。

（2）水击压力的大小与水击波速 a 成正比，与流速变化的绝对值成正比。

（3）只要 $T_s\leqslant 2L/a$，直接水击的大小与关闭时间长短及关闭规律无关，只要流速变化值相同，则水击压力的最终值是一样的。特别值得注意的是，直接水击的数值是很大的（可达净水头的数倍），这样高的压力会造成极大的危害，工程中应绝对避免发生直接水击。

例如，某水电站压力钢管（$a=1000$m/s）中水流起始流速 $v_0=4$m/s，当水电站突然丢弃全负荷（$v=0$）时，若发生直接水击，则阀门处水击压力可达：

$$\Delta H=\frac{a}{g}(v_0-v)=\frac{1000}{9.81}\times(4-0)=407.75(\text{m}) \tag{5-8}$$

可见，直接水击的数值是很大的，应绝对避免发生直接水击。

（三）水击类型的判别和计算

水击现象是水力发电站运行过程中不可避免的客观的有害现象，除非设备故障或运行人员误操作造成直接水击，从而酿成重大事故，水电站正常情况下发生的都是间接水击。

水电站的水击计算按照下列步骤进行（以突然丢弃全负荷为例）。

1. 水击基本类型的判别

若 $T_s \leqslant 2L/a$，则发生直接水击，相应的水击压力上升值直接用式（5-7）计算，水击计算结束；若 $T_s > 2L/a$，则发生间接水击，继续下面步骤。

2. 两个压力水管特性系数 ρ 和 σ 的计算

ρ 和 σ 是水击计算中两个常用的系数，其计算公式如下：

$$\rho = \frac{av_0}{2gH_0}, \ \sigma = \frac{Lv_0}{gH_0T_s} \tag{5-9}$$

3. 间接水击类型的判别及计算

（1）若 $\rho\tau_0 \leqslant 1$［τ_0 为喷嘴（导叶）的相对起始开度］，水击最大值发生在第一相末，称为第一相水击，最大水击压力上升率计算公式如下：

$$\xi_{max} = \xi_1 = \frac{2\sigma}{1+\rho\tau_0-\sigma} \tag{5-10}$$

（2）若 $\tau_0 > 1/\rho$，最大水击发生在末相，称为末相水击，计算公式如下：

$$\xi_{max} = \xi_m = \frac{2\sigma}{2-\sigma} \tag{5-11}$$

机组突然增加负荷时，压力水管中产生负水击，计算过程同上，只是负水击符号由“ξ”变为“η”，其公式如下：

$$\eta_1 = \frac{2\sigma}{1+\rho\tau_0+\sigma}, \ \eta_m = \frac{2\sigma}{2+\sigma} \tag{5-12}$$

中高水头水电站的压力管一般较长，蜗壳和尾水管的影响较小，可以忽略不计。对低水头水电站，则必须考虑两者的影响。

三、调节保证计算的任务

机组运行的稳定工况，是指机组的出力与负荷保持平衡的运行状态，这时机组的转速恒定不变而且压力水管中的水流处于恒定流状态。但是机组所承担的负荷是不断变化的，而且机组常会碰到较大的负荷变动，尤其是因事故而甩全负荷时，会出现水轮机动力矩与发电机的负荷阻力矩极不平衡而使机组转速急剧变化的情况，这时调速器迅速调节进入水轮机的流量，以使机组出力与变化后的负荷重新保持平衡，机组进入一个新的稳定工况。在上述的调节过程中，机组转速与压力水管中的水压力都将发生急剧的变化，甚至可能产生危及机组、水电站压力引水系统及电网安全的严重事故，甚至较大的水击压力变化使压力水管爆裂或被压扁以及水轮机遭到破坏，过高的转速变化使机组强烈震动并损害机组的强度和寿命，甚至造成飞车事故等。

在水电站压力引水系统和水轮发电机组特性确定时，对水击压力变化和转速上升大小起控制作用的是导叶调节时间和调节规律。因此，在水电站设计时要计算调节过程中的最大水击压力变化值和最大转速上升值，并据此选择合理的导叶调节时间和调节规律，使水击压力变化和转速上升都在允许范围内。这在工程上称为调节保证计算，简称调保计算。

调节保证计算的任务是：根据水电站压力引水系统和水轮发电机组特性，选择合理的导叶调节时间和调节规律，进行最大水击压力变化值和最大转速上升值计算，使水击压力变化和转速上升都在允许范围内。

四、调节保证计算的标准

(一) 机组甩全负荷时

1. 最大水击压力上升率

$$\xi_{max}=\frac{H_{max}-H_0}{H_0} \tag{5-13}$$

式中 H_{max}——甩负荷过程中最大水击压力(水柱高),m;

H_0——甩负荷前的水电站静水头,m。

在调节保证计算中,最大水击压力上升率的计算标准为:

(1) 水电站额定水头为100~300m时,$\xi_{max}=30\%\sim25\%$;

(2) 水电站额定水头为40~100m时,$\xi_{max}=50\%\sim30\%$;

(3) 水电站额定水头为20~40m时,$\xi_{max}=70\%\sim50\%$;

(4) 水电站额定水头小于20m时,$\xi_{max}=100\%\sim70\%$;

(5) 尾水管进口的真空值不大于8~9m水柱高。

2. 最大转速上升率

$$\beta_{max}=\frac{\eta_{max}-\eta_0}{\eta_0} \tag{5-14}$$

式中 η_{max}——机组甩负荷过程中产生的最大转速,r/min;

η_0——机组的额定转速,r/min。

在调节保证计算中,最大转速上升率的允许值的计算标准为:

(1) 当机组容量占系统总容量的比重较大且担负调频任务时,$\beta_{max}<50\%$。

(2) 当机组容量占系统总容量的比重不大或担负基荷运行时,$\beta_{max}<60\%$。

(3) 当机组为独立运行时,$\beta_{max}\leqslant30\%$。

(4) 当机组为冲击式水轮机时,$\beta_{max}<30\%$。

注意,上述调节保证计算标准是在一定的技术条件下制定的。随着系统容量的增大和水轮发电机组制造技术的提高,调节保证计算标准也有逐渐放宽的趋势。国内不少大型水轮发电机组转速上升率允许值已超过0.50达到0.58,美国为0.6,而苏联达到0.65。一般当选择标准超出规定的标准值时,应做特殊的论证。

(二) 机组突增全负荷时

机组突增全负荷时的计算主要是为了求压力水管中的最大水击压力降低值,并依此校验

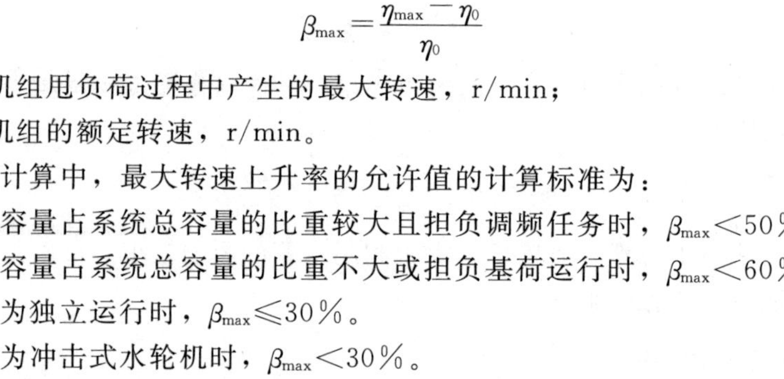

图5-23 不合理的管线布置

压力水管的布置合理性及运行安全性，如图5-23所示。计算标准为压力引水系统任一断面不允许出现负压且有2m水柱高的压力余度。

任务8　掌握减小水击压力的措施

压力水管较长的高、中水头水电站，调节保证计算的结果很难同时满足压力上升率和转速上升率的要求。为了保证机组安全运行，可采取以下措施来降低水击压力或限制转速上升。

一、缩短管长

水击压力与管线长度成正比，因此缩短管线长度可以有效减小水及压力，但缩短管线长度，受地形地质条件所限，往往不易实现。

二、减小流速

水击压力与管内流速成正比，因此增大管径，减小管内流速，可以降低水击压力。但增大管径，将会增加工程投资，所以用减小流速的办法降低水及压力，往往是不经济的。但在一定的条件下，适当的增大管道直径，不增设调压室，往往是比较经济合理的。

三、设调压室

可采用缩短管道长度 L 或增大管径的方法来减小水击压力，但是管道长度取决于地形地质条件，而增大管径会造成投资的增加，因此大多数情况下采用缩短管道长度 L 或增大管径的方法来减小水击压力并不是可取的方法，为此可设置调压室。

设置调压室，实际上等于缩短压力管道的长度，使水击波尽早反射回压力管道末端，从而减小水击压力。利用设置调压室的办法来缩短压力管长，是减少水击压力最有效的一种方法，但是造价较高，如图5-24所示。

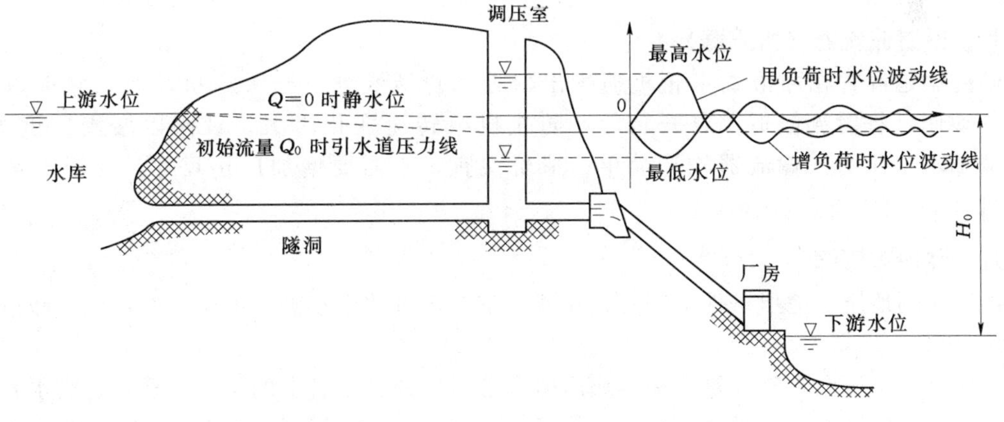

图5-24　调压室布置及其内部水位波动

四、改变导叶关闭规律

导叶关闭规律对水击压力和转速变化起着决定性的影响。如图5-25（a）所示是在相同时间内给出的三种导叶关闭规律，如图5-25（b）所示是对应三种关闭规律的水击压力变化曲线。从图中可以看出，关闭规律Ⅰ的关闭速度均匀，其水击压力有一稳定值；关闭规律Ⅱ的关闭速度先快后慢，由此水击压力先升后降，有一极限值；关闭规律Ⅲ的关闭速度先慢后快，因此水击压力先小后大，此种情况相当于缩短了关闭时间，所以这种规律对水击压力变化最不利。因此，确定合理的导叶关闭规律对降低水击压力和转速的升高有着重要的意义。

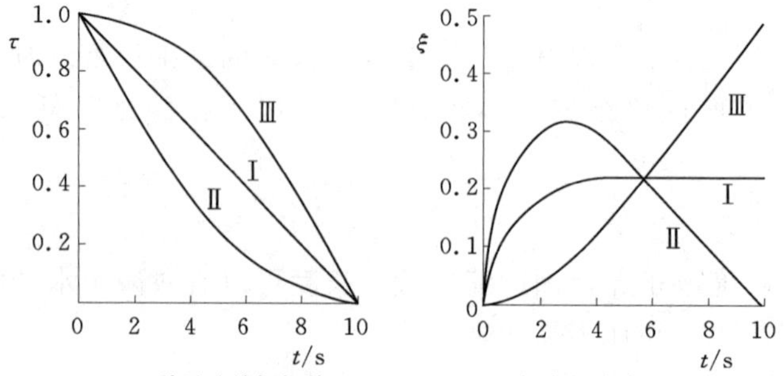

(a) 三种导叶关闭规律 (b) 相应的水击压力变化线

图 5-25 导叶关闭规律对水击压力的影响

五、延长导叶关闭时间

延长导叶关闭时间，可以使水击压力的上升率减慢，在水击压力上升不高时即从水库传回的负反射波相叠加，从而大大减少管道中的水击压力值；但关闭时间不能太长，否则机组转速升高值将超过允许的最大值。导叶关闭时间一般由水轮发电机组生产厂家给定，延长导叶关闭时间必须与厂家协商。

六、设置水阻器

水阻器是一种利用水阻消耗电能的设备，它与发电机母线相连，当机组丢弃负荷时，通过这种装置可以使水阻器迅速投入使用，将原来输入系统的电能消耗在水阻器中。水阻器适用于小型水电站，采用水阻器时，可不设调压室。

七、设置偏流器（折流器）

偏流器是设置在冲击式水轮机喷嘴出口处的折流装置。当丢弃负荷时，它能以较快的速度动作，将射流偏折，离开转轮，防止机组转速变化过大。针阀以缓慢速度关闭，从而减小水击压力。偏流器构造简单，造价便宜，不需要增加厂房尺寸，常用于水斗式水轮机。

八、装设减压阀

由于受到地质、地形条件限制，兴建调压室有困难的中小型水电站，可考虑以减压阀代替调压室。

减压阀（调压阀）是设置在蜗壳或压力水管引出的排水管上的旁通装置，它受水轮机调速器的控制，如图 5-26 所示。当导叶关闭的同时，减压阀打开，部分流量（一般为管道流量的 50%～80%）经减压阀泄出，使压力水管中的流量变化减缓，压力升高也有所减小。在导叶关闭后，减压阀能自动慢慢关闭。采用调压阀装置，即使导叶以较快的速度关闭，由于压力水管中总流量变化不大，故水击压力增加不大。这样，既提高了导叶的关闭速度，也会相应地减小机组的速率上升值。云南西洱河二级水电站，便采用了减压阀来降低水机压力。

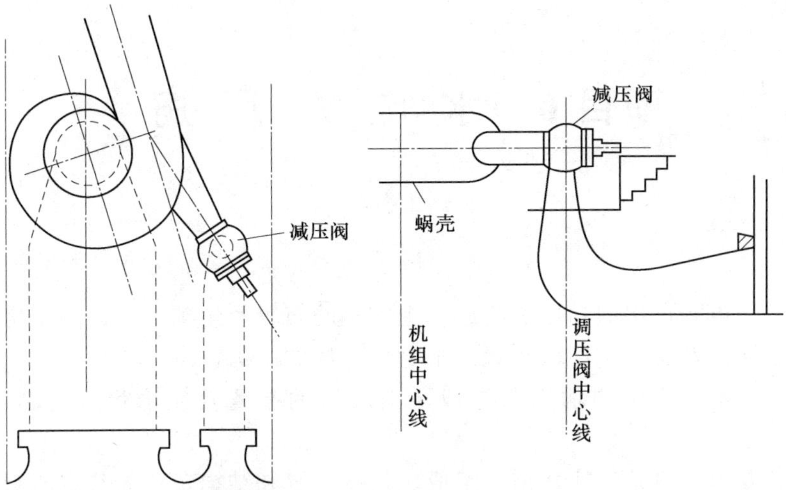

图 5-26　减压阀设置示意图

课 后 任 务

1. 压力水管的供水方式有几种？各有什么优缺点？其适用条件是什么？
2. 镇墩、支墩、伸缩节的作用是什么？
3. 作用在明钢管上的荷载有哪几类？各产生什么应力？计算应力时应选取哪几个断面？
4. 简述明钢管的抗外压稳定的概念。钢管失稳的原因及防止措施是什么？
5. 简述压力钢管的设计步骤。
6. 岔管的工作特点是什么？常见的岔管有哪几种类型？各适用于什么条件？
7. 镇墩和支墩的作用有何不同？两者分别设置在地面压力钢管的什么部位？
8. 支墩有哪几种类型？各有何特点？适用于什么情况？
9. 伸缩节的作用和类型是什么？其要求是什么？
10. 地下埋管的施工程序各有何要求？
11. 地下埋管外压稳定的影响因素有哪些？如何防止其外压失稳？
12. 混凝土坝式压力水管有哪几种型式？各适用于什么情况？
13. 混凝土坝内埋管在坝剖面上有哪几种布置型式？各适用于什么情况？
14. 如何选择压力水管的线路？

项目6 水 电 站 厂 房

学习提示

项目内容：水电站厂房的功用及组成，主厂房的布置及轮廓尺寸，副厂房的布置，厂房的采光、通风、防潮及交通，厂区布置，水电站厂房的结构特点。

学习重点：水电站厂房的功用及组成，主厂房的布置及轮廓尺寸，副厂房和厂区的布置。

学习要求：掌握水电站厂房功用、组成、设备布置和结构布置的基本原则，初步掌握确定主厂房轮廓尺寸的方法；了解水电站厂房结构设计的原则和特点、其他类型的厂房的特点及布置设计。

任务1 掌握水电站厂房的功用及组成

一、水电站厂房的功用

水电站厂房是将水能转换为电能的场所，它通过一系列工程措施，将水流平顺地引入及引出水轮机，将各种必需的机电设备安置在恰当的位置，为这些设备的安装、检修和运行提供方便有效的条件，也为运行人员创造良好的工作环境。

水电站厂房是建筑物及机械、电气设备的综合体，在厂房的设计、施工、安装和运行中需要各专业人员通力协作。水工建筑专业人员主要从事建筑物的设计、施工与运行，因而本书着重从水工建筑的观点来研究水电站厂房。

二、水电站厂房的组成

（一）厂房的机电设备组成

为了安全可靠地完成转换水能为电能并向电网或用户供电的任务，水电站厂房内配置了一系列的机械、电气设备，它们可归纳为以下五大系统：

（1）水流系统。即水轮机及其进出水设备，包括压力水管、主阀、蜗壳、水轮机、尾水管及尾水闸门等。其主要功能是将水流引入水轮机，通过水轮机将水能转变为机械能。

（2）电流系统。即所谓电气一次回路系统，包括发电机、发电机引出线、母线、发电机电压配电设备、主变压器、高压开关站等。其主要功能是通过发电机将机械能转变成为电能，经过主变压器升压后，高压开关站将电能输送到电网。

（3）机械控制设备系统。包括水轮机的调速设备，如操作柜、油压装置及接力器，蝶阀的操作控制设备，减压阀、闸门和拦污栅等的操作控制设备。

（4）电气控制设备系统。即电气二次回路系统，包括机旁盘、励磁设备系统、中央控制室、各种控制及操作设备，如互感器、表计、继电器、控制电缆、自动及远动装置、通信及调度设备、厂用变压器、厂用配电装置、直流电系统等。

(5) 辅助设备系统。即为设备安装、检修、维护、运行所必需的各种电气及机械辅助设备，包括厂房内外的桥式起重机、门式起重机、闸门启闭机，透平油及绝缘油的存放、处理、流通设备，高低压压气设备、储气筒、气管，技术供水、生活供水、消防供水、渗漏排水、检修排水，用于监测上游水位、蜗壳进口压力、顶盖真空压力、尾水管真空压力，各种电气及机械修理室、试验室、工具间、通风采暖设备等。

上述五大系统各有不同的作用和要求，在布置时必须注意它们的相互联系，使其互相协调地发挥作用，如图 6-1 所示。

(二) 厂房的建筑物组成

厂房枢纽的建筑物一般可以分为四部分：主厂房、副厂房、变压器场及高压开关站。

主厂房是指由主厂房构架及其下的厂房块体结构所形成的建筑物，由主机间和装配场组成，其内装有水轮发电机组及主要的控制和辅助设备，并提供安装、检修设施和场地。

副厂房是指为了布置各种控制或附属设备以及生活用房，而在主厂房邻近所建的房屋。主厂房及相邻的副厂房习惯上也简称为厂房。

变压器场一般设在主厂房旁，场内布置主升压变压器，将发电机输出的电流升压至输电线电压。

高压开关站常布置在开阔场地，安装高压母线及开关等配电装置，通过高压输电线将电能送到电网或用户输电。

三、水电站厂房的设计程序

我国大中型水电站设计一般分为五个阶段：项目建议书、预可行性研究、可行性研究、招标设计和施工详图。

项目建议书阶段主要任务是论证工程建设的必要性，进行初步评价。

预可行性研究的任务是在河流（河段）规划和地区电力负荷发展预测的基础上，对拟建水电站的建设条件进行研究，论证该水电站在近期兴建的必要性、技术上的可行性和经济上的合理性。在这个阶段中，对厂房不进行具体设计，而仅基本选定电站规模，初选枢纽布置方式及厂房的型式，绘出厂房在枢纽中的位置，估算工程量。

可行性研究的任务是通过方案比较选定枢纽的总体布置及其参数，决定建筑物的型式和控制尺寸，选择施工方案、进度和总体布置，并编制工程投资预算，阐明工程效益。在该阶段中，对厂房设计的要求是根据选定的机组机型、电气主接线图及主要机电设备，初步决定厂房的型式、布置及轮廓尺寸，绘制厂区及厂房布置图，进行厂房稳定计算及必要的结构分析，提出厂房工程地质处理措施。

招标设计中要对可行性研究中的遗留问题进行必要的修改与补充，落实选定方案工程建设的技术、施工措施，提供较详细的工程图纸和分项工程的工程量，提供施工、制造与安装的工艺技术要求以及永久设备购置清单，编制招标文件。

施工详图阶段主要任务是对各项结构进行细部设计和结构计算，并拟定具体施工方法，绘出施工详图。对厂房设计而言，虽然厂房的型式、布置及轮廓尺寸在招标设计中已经决定，但机电设备供货合同尚未签订，详细的结构设计尚未进行，故一切决定都还是近似的。在施工详图阶段，要根据更详尽确凿的各种资料，进行每个构件的细部设计和结构计算，最终确定厂房各部分的尺寸。

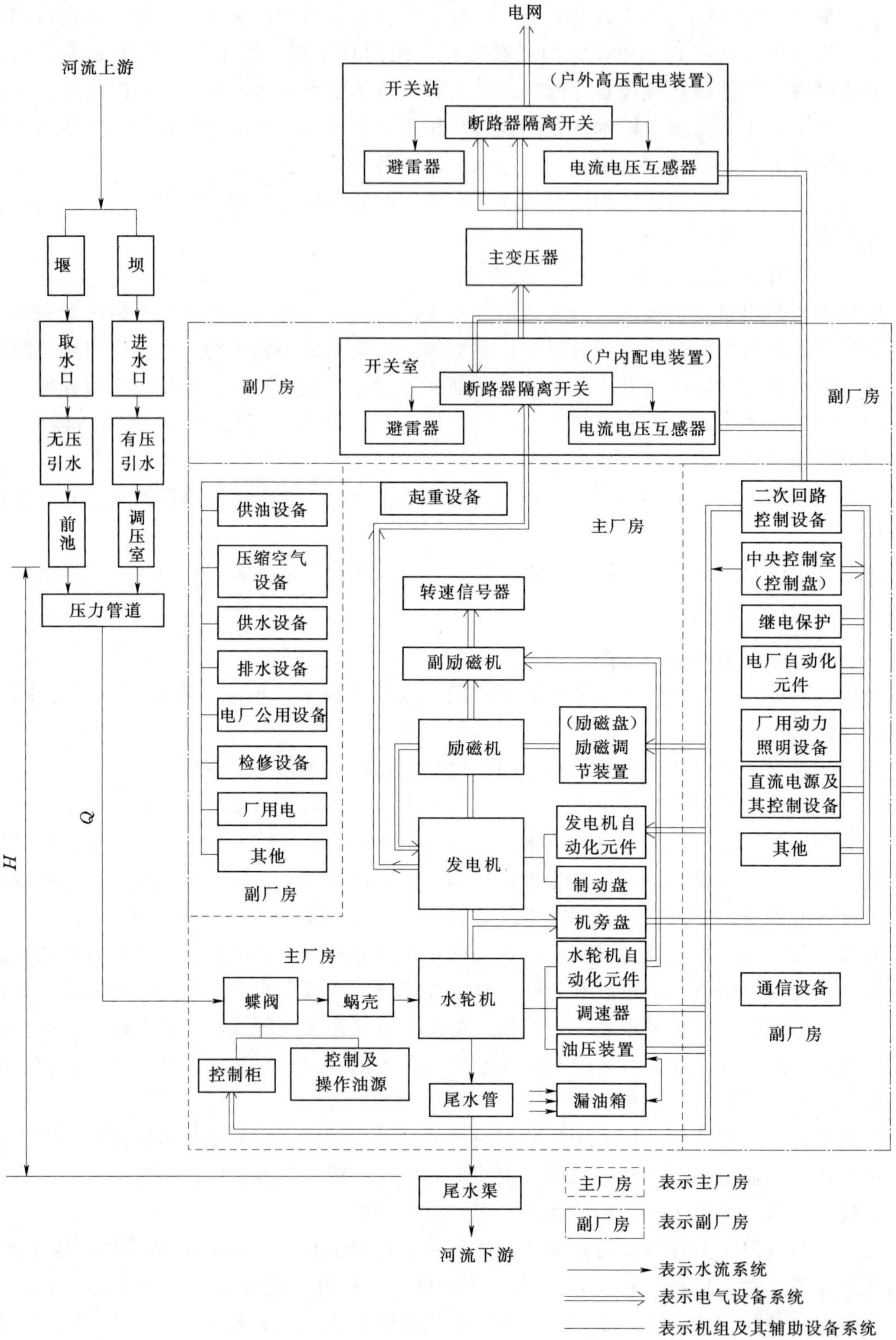

图6－1　水电站厂房的组成

任务 2　初步掌握主厂房的布置

水电站主厂房是安装水轮发电机组及其辅助设备的场所，根据设备布置的需要，通常在高度方向上分为数层，如图 6-2 所示。厂房内部布置应根据机电布置、设备安装、检修及运行要求，结合水工结构布置同时考虑。如图 6-2～图 6-6 所示为某水电站厂房剖面图和平面布置图。

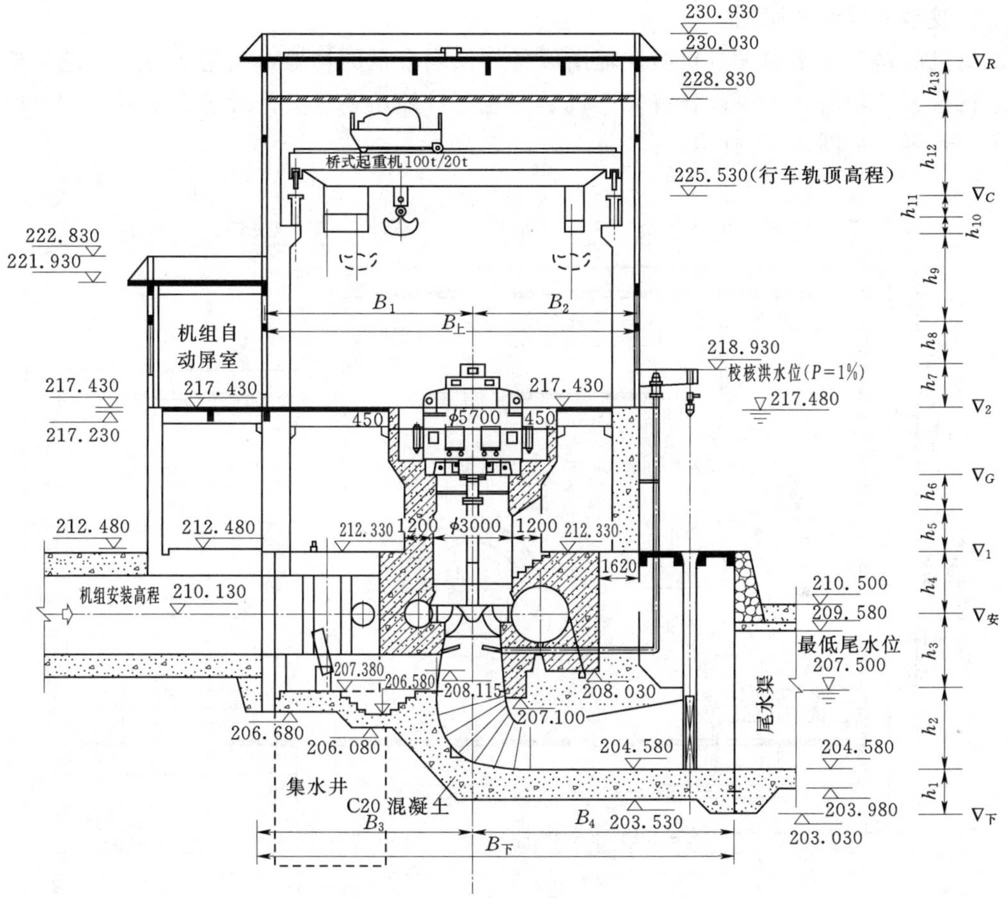

图 6-2　某水电站主厂房剖面图（高程单位：m；尺寸单位：mm）

一、立式机组厂房的分层

立式机组厂房通常以发电机层楼板高程为界（如图 6-2 中 217.430m 高程），将主厂房分为上部结构和下部结构两部分。

（一）主厂房的上部结构

上部结构包括厂房排架柱、牛腿、吊车梁、桁架、楼板、墙体、门窗和屋顶结构等，这些构件多为钢筋混凝土结构。上部结构的设备布置有发电机上机架、调速器、机旁盘、励磁设备、油压装置等。此外，还有走道、楼梯、廊道等内部交通设施及桥式吊车、吊物孔等构筑物及设施。

（二）主厂房的下部结构

（1）发电机层。如图6－2中217.430m高程，即一般水电站厂房的室内地坪高程。

（2）水轮机层。如图6－2中楼板高程为212.330m，主要布置水轮机的上部结构及其附属设施。

（3）蜗壳层。如图6－2中210.130m高程，主要布置蜗壳及其附属设施。

（4）尾水管层。如图6－2中楼板高程为207.380m，主要布置尾水管及其进人孔和主阀室。

二、发电机层设备布置

发电机层是安放水轮发电机组及辅助设备和仪表表盘的场地，也是运行人员巡回检查机组、监视仪表的场所。主要设备有发电机、调速柜、油压装置、机旁盘、励磁盘、蝶阀、楼梯、吊物孔等，如图6－3所示。

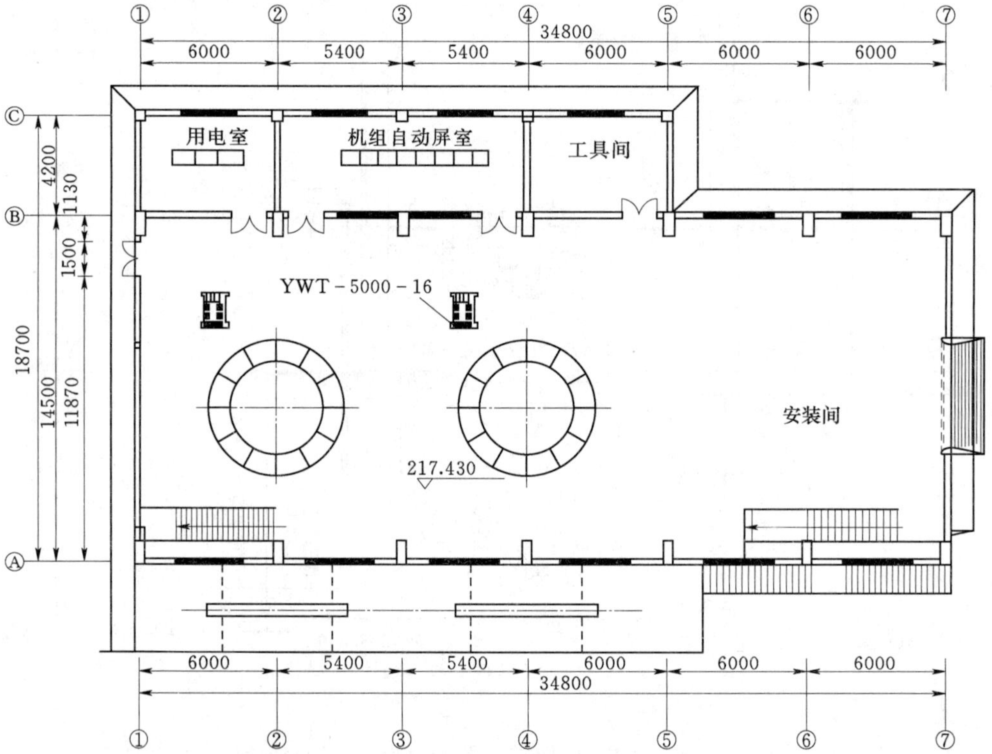

图6－3 发电机层平面布置图（高程单位：m；尺寸单位：mm）

（1）机旁盘（自动、保护、量测，动力盘）。与调速柜布置在同一侧，靠近厂房的上游墙或下游墙。

（2）调速柜。应与下层的接力器相协调，尽可能靠近机组，并在吊车的工作范围之内。

（3）励磁盘。为控制励磁机而设置的，常布置在发电机近旁。

（4）蝶阀。如果在水轮机前装置蝶阀，则其检修需要在发电机层的安装间内进行，这就需要在发电机层与其相应的部位预留吊孔，且方便检修和安装。

（5）楼梯。每隔一段距离需要设置一个楼梯，一般两台机组设置一个。从发电机层到水轮机层至少设两个楼梯，分设在主厂房的两端，便于运行人员到水轮机层巡视和操作，及时处理事故。楼梯不应破坏发电机层楼板的梁格系统。

(6) 吊物孔。在吊车起吊范围内应设供安装检修的吊物孔，以沟通到下层之间的运输。一般布置在既不影响交通，又不影响设备布置的地方，其大小与吊运设备的大小相适应，平时用铁盖板盖住。

发电机层平面设备应考虑在吊车主、副钩的工作范围内布置，以便楼面所有设备都能由厂内吊车起吊。

三、发电机的支承结构（机座或机墩）

机座是发电机的支承结构，其作用是将发电机支承在预定位置上，并为机组的运行、维护、安装和检修创造条件。立式机组的机座承受水轮发电机组的全部动、静荷载，这些荷载通过机座传到水下混凝土。为保证机组正常运行，要求机座具有足够的强度和刚度，同时具有良好的抗震性能，一般为钢筋混凝土结构。常见的机座型式有：

(1) 圆筒式机座。其结构型式为厚壁钢筋混凝土圆筒，其厚壁在1m以上，外部形状可是圆形，也可是八角形。内壁为圆形的水轮机井，其直径一般为13～14倍的转轮直径，圆筒式机座的优点是刚度较大，抗压、抗震、抗扭性能较好，结构简单，施工方便，我国大型电站采用较多；其缺点是水轮机井空间狭小，水轮机的安装、维修、维护不方便。

(2) 环形梁柱式机座。其结构由环形梁和立柱组成，发电机坐落在环形梁上，立柱底部固结在蜗壳上部混凝土上，并将荷载传到下部块体结构。此种机座的优点是混凝土用量省，水轮机顶盖处宽敞，立柱间净空对设备的布置、机组的出线以及安装、维修均比较方便；缺点是机座刚度小，抗震、抗扭性能差，一般用于中小型机组。

(3) 构架式机座。机座是由两个纵向钢架和两根横梁组成的。发电机支承在框架上的梁系上，并由框架将荷载经蜗壳外围混凝土传至下部块体结构。其优点是节约材料，施工简单，造价低，构架下面的空间便于布置管路和辅助设备，机组安装、检修都较方便；缺点是刚度较之环形梁柱式机座更小，仅适用于小型机组。

四、水轮机层设备布置

水轮机层是指发电机层以下、蜗壳大块混凝土以上的这部分空间。在水轮机层一般布置调速器的接力器，水力机械的辅助设备（如油、气、水管道），电气设备（如发电机引出线，中性点引出线，接地、灭磁装置等），厂用电的配电设备等，如图6-4所示。

(1) 调速器的接力器。位于调速柜的下方，与水轮机顶盖连在一起，并布置在蜗壳最小断向处，因为该处的混凝土厚度最大。

(2) 油、气、水管道。一般沿墙敷设或布置在沟内。管道的布置应与使用和供应地点相协调，同时避免与其他设备相互干扰，且与电缆分别布置在上、下游侧，防止油、气、水渗漏对电缆造成影响。

(3) 油罐室、油处理室及空压机室。一般布置在水轮机层的两侧，是否设置及其房间大小，根据电站规模确定。

(4) 电气设备。发电机引出线和中性点侧都装有电流互感器，一般安装在风罩外壁或机座外壁上。小型水电站一般不设专门的出线层，引出母线敷设在水轮机层上方，而各种电缆架设在其下方，因为水轮机层比较潮湿，对电缆不利。对发电机引出母线要加装保护网。

(5) 通道。水轮机层上、下游侧应设必要的过道，主要过道宽度不宜小于1.2～1.6m。

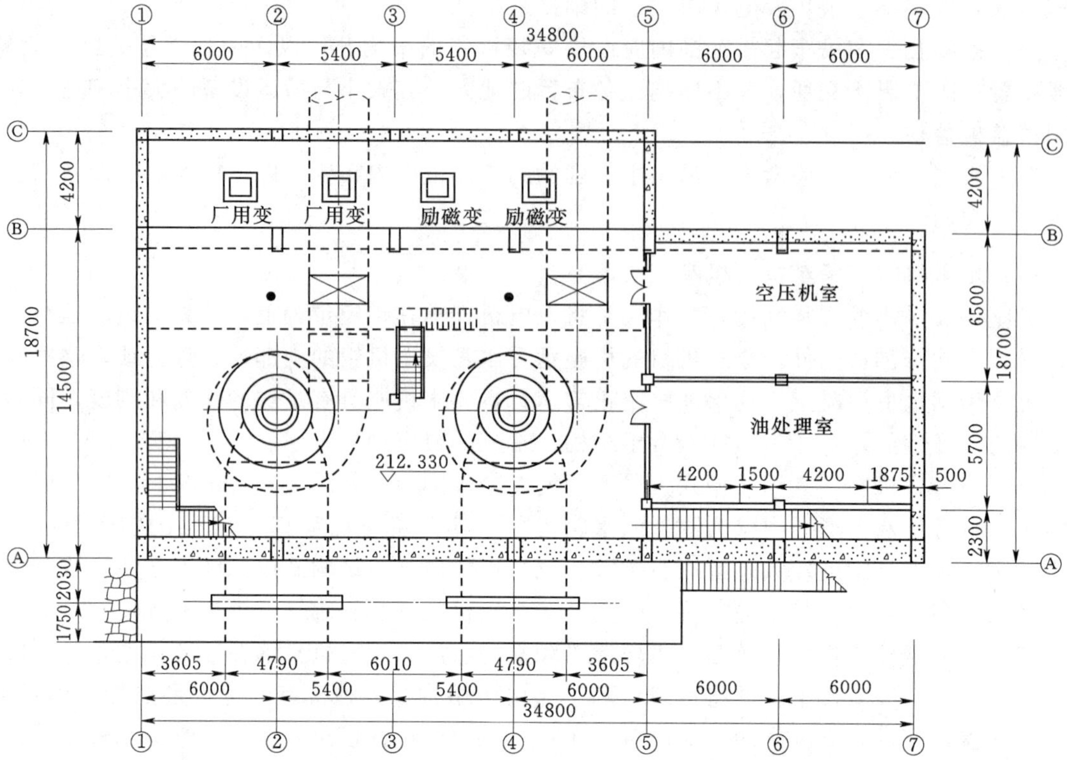

图6-4 水轮机层平面布置图（高程单位：m；尺寸单位：mm）

水轮机机座壁上要设进人孔，进人孔宽度一般为1.2～1.8m，高度不小于1.8～2.0m，且坡度不能太陡。

五、蜗壳层的布置

如图6-5所示为某水电站厂房蜗壳层平面布置。蜗壳层除过水部分外，均为大体积混凝土，布置较为简单。

（1）当引水式电站采用联合供水或分组供水时，在蜗壳进口前设置一快速阀门，一般称为主阀。主阀依实际情况有闸阀、蝶阀、球阀等类型。主阀可以装设在厂内，也可以装设在厂外，设在厂内时运行、管理、安装等都比较方便，但增加了厂房宽度。主阀的上游侧要安装伸缩节，以方便其拆装。主阀布置在主阀室内，其控制设备就近布置。

（2）水泵室一般布置在集水井的上层，有楼梯、吊物孔与水轮机层连接，以便于水泵等设备的运输。电站排水都通向下游尾水渠。

六、尾水管层的布置

如图6-6所示为某水电站厂房尾水管层平面布置，该层主要为包围尾水管的大体积混凝土结构，布置较为简单。

（1）进人口。在下部块体结构中要设有通向蜗壳和尾水管的进人口，并设置通道。一般进人口的直径不小于60cm，进人口通道尺寸不小于1m×1m。

（2）一般电站在尾水管层设有检测、排水廊道，作为运行人员进入蜗壳、尾水管检查的通道，有的电站还同时兼作到水泵室集水井的过道。

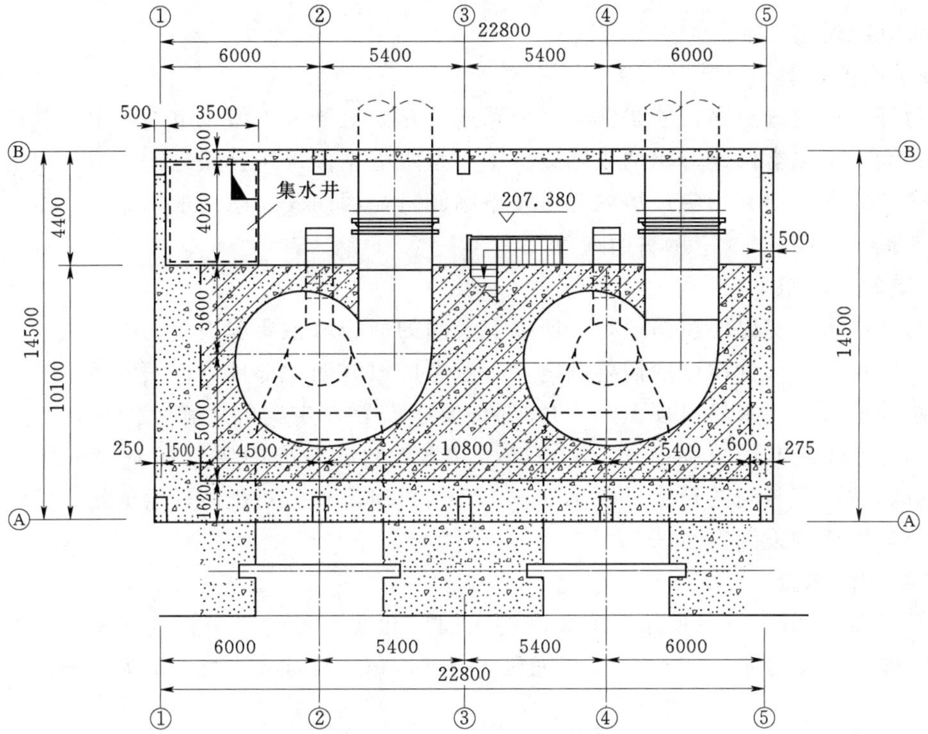

图 6-5　蜗壳层平面布置图（高程单位：m；尺寸单位：mm）

（3）渗漏集水井位于全厂最低处，除要求能容纳运行时的渗透水外，还要担负机组检修时的集水、排水任务。

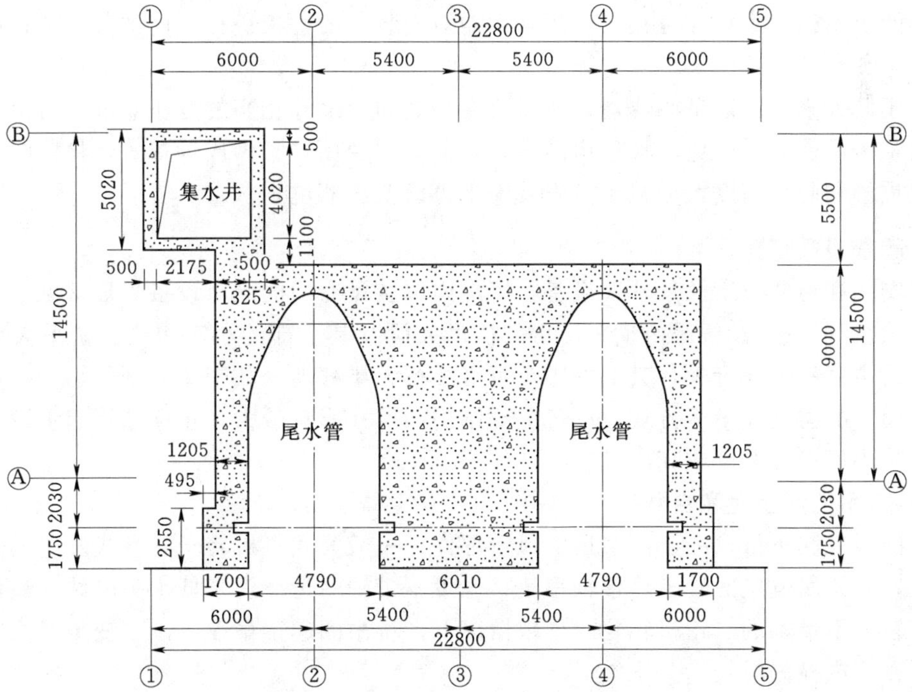

图 6-6　尾水管层平面布置图（高程单位：m；尺寸单位：mm）

七、安装间的布置

（一）安装间的位置

水电站对外交通运输道路可能是铁路、公路或水路。对于大中型水电站，由于部件大而重，运输量又大，所以常修建专用的铁路线。中小型水电站多采用公路运输。对外交通通道应尽量直达安装间，以便利用主厂房内起吊设备吊卸货，因而安装间一般均布置在主厂房有对外道路的一端，如图 6－3 所示右边入口。

（二）安装间的面积

安装间与主厂房同宽以便桥吊通行，所以安装间的面积就主要取决于它的长度。安装间的面积可按一台机组扩大性检修的需要确定，一般考虑放置四大部件（即发电机转子、发电机上机架、水轮机转轮、水轮机顶盖）。四大部件要求布置在主钩的工作范围内，其中发电机转子应全部置于主钩起吊范围内。发电机转子和水轮机转轮周围要留有 1～2m 的工作场地。在缺乏资料时，安装间的长度可取 1.25～1.5 倍机组段长。对于多机组电站，安装间面积可根据需要增大或加设副安装间。

（三）安装间的布置

安装间平面布置如图 6－3 所示。安装间的大门尺寸要满足运输车辆进厂要求，如通行标准轨距的火车，其宽度不小于 4.2m，高度不小于 5.4m。通行载重汽车的大门宽度不小于 3.3m，高度不小于 4.5m。

发电机转子放在安装间上检修时，轴要穿过地板，因而需在地板上相应位置设大轴坑，面积要大于大轴法兰盘。为了组装转子时使轴直立，在轴下要设大轴承台，并预埋地脚螺栓。

主变压器如果要推入安装间进行大修，则要考虑主变压器运入的方式及停放地点。因为主变压器的质量很大，尺寸也很大，故常常需对安装间的楼板进行专门加固，地板应设专门轨道。

主变压器大修时常需吊心修理，所以要在安装间设尺寸相当的变压器坑，将整个变压器吊入坑内，再吊铁芯，以免增加厂房高度。目前大型变压器常做成钟罩式，检修时吊心改为吊罩，起重量和起吊高度大为减小，安装间不再设变压器坑。

八、起重设备布置

为了安装和检修机组及其辅助设备，厂房内应装设专门的起重设备。最常见的起重设备是桥式起重机（桥吊）。桥吊由横跨厂房的桥吊大梁及其上部的小车组成。桥吊大梁可在吊车梁顶上沿主厂房纵向行驶，其上的小车可沿吊桥大梁移动，如图 6－7 所示。

起重设备的类型和吊运方式对厂房上部结构和尺寸影响较大，正确选择起重设备和吊运方式，可减小厂房的宽度或高度。

（一）桥吊的起重量和台数

桥吊的最大起重量取决于所吊运的最重部件，一般为发电机转子。悬式发电机的转子需带轴吊运，伞式发电机的转子可带轴吊运，也可不带轴吊运。对于低水头电站，最重部件也可能是带轴或不带轴的水轮机转轮。少数情况下，桥吊的起重量取决于主变压器质量（主变压器需要在厂内检修时）。

桥吊有单小车和双小车两种。单小车设有主钩和副钩，当起重量不大时一般采用一台双

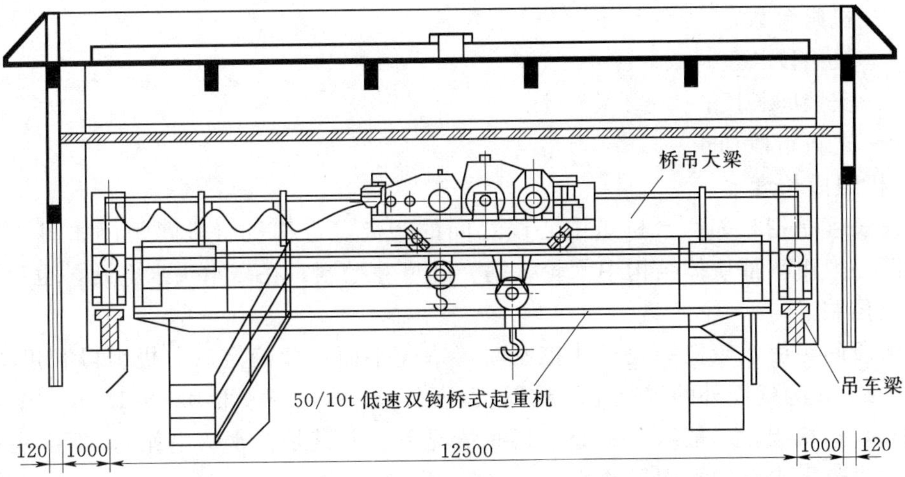

图 6-7　桥吊大梁构造图（单位：mm）

钩桥吊；双小车是在桥吊大梁上设有两台可以单独或联合运行的小车，每台小车只有一个超重吊钩，超重量大于 75t 时，可采用双小车。与单小车相比，双小车桥吊不仅质量轻，外形尺寸小，而且用平衡梁吊运带轴转子时，大轴可以超出主钩极限位置以上，从而可降低主厂房的高度。当机组较大而且台数多于 6 台时，也可采用两台吊车。两台桥吊可降低厂房高度，运用较灵活。

（二）桥吊跨度与工作范围

桥吊的工作范围是指主钩和副钩所能达到的范围，起重机产品目录上给出的吊钩方向的极限位置构成桥吊的工作范围。桥吊跨度是指桥吊大梁两端轮子的中心距。选择桥吊跨度时应综合考虑下列因素：

（1）桥吊跨度要与主厂房下部块体结构的尺寸相适应，使主厂房构架直接坐落在下部块体结构的一期混凝土上。

（2）满足发电机层及安装间布置要求，使主厂房内主要机电设备均在主、副钩工作范围之内，以便安装和检修。

（3）尽量采用起重机制造厂家所规定的标准跨度。

任务3　初步掌握主厂房的轮廓尺寸确定方法

水电站主厂房布置设计主要就是确定主厂房的结构和空间尺寸，并对设备进行布置。其设计原则是在满足设备布置和安装、维护、运行、管理要求的前提下，尽量减小厂房尺寸，以降低造价。

水电站主厂房的空间尺寸指主厂房的长度、宽度和高度，其中长度和宽度称为厂房的平面尺寸。

一、主厂房的长度

主厂房的长度包括机组段长度、安装间长度以及边机组段加长，即：

$$L = nL_0 + L_{安} + \Delta L \tag{6-1}$$

式中　L——主厂房的总长度；

n——机组台数；

L_0——机组段长度；

$L_安$——安装间长度；

ΔL——边机组段加长。

（一）机组段长度

机组段长度是指相邻两台机组中心线之间的距离，也称机组段间距，如图6-8所示。机组段间距一般由下部块体结构中水轮机蜗壳的尺寸控制，在高水头水电站，也可能由发电机定子外径控制。

当机组段间距由水轮机蜗壳尺寸控制时，蜗壳平面尺寸确定后，机组段长度 L_0 = 蜗壳平面尺寸 + d，d 为蜗壳外的混凝土结构厚度，混凝土蜗壳一般取0.8～1.0m，金属蜗壳一般取1～2m，边机组段一般取1～3m。某些情况下（尤其是低水头电站），下部块体结构的尺寸可能取决于尾水管的平面尺寸。

当机组段间距由发电机定子外径控制时，机组段长度 $L_0 = D_风 + B$。式中，$D_风$ 为发电机风罩外缘直径；B 为相邻两风罩外缘之间通道的宽度，一般取1.5～2.0m。为了减小机组间距，最好不要将调速器、油压装置和楼梯等布置在两台机组中间。

确定机组段长度时应综合考虑厂房缝隙、蜗壳和尾水管厚度的影响，以及水轮机层和发电机层的布置要求，包括排架柱的布置要求，调速器接力器坑的布置要求，楼梯、楼板孔洞和梁格系统的布置要求。

（二）边机组段加长

由于远离安装间一端的机组段外侧有主厂房的端墙，为了使机组设备和辅助设备处于桥吊工作范围内，边机组段需要加长 ΔL，一般取 $\Delta L = (0.1 \sim 1.0)D_1$。

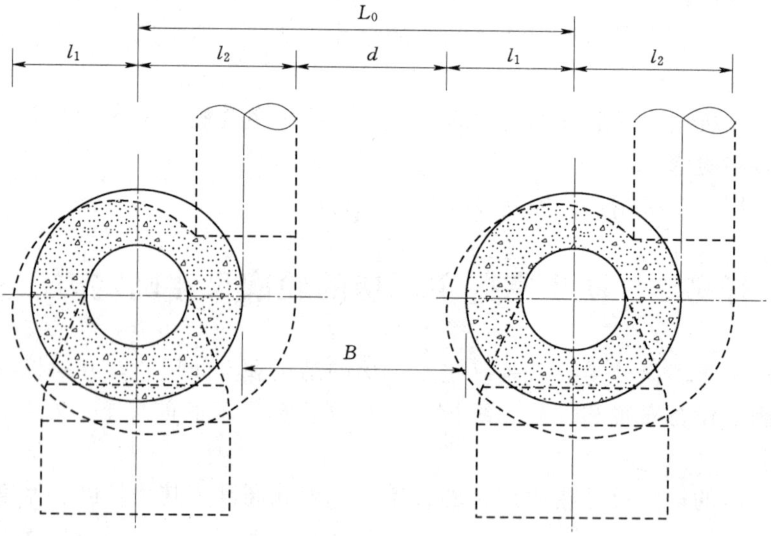

图6-8 机组段长度示意图

（三）安装间长度

安装间的宽度一般与主厂房宽度相同，其面积要求在上节安装间的布置中已讲述，这里不再重复，一般取 $L_安 = (1.0 \sim 1.5)L_0$。

二、主厂房的宽度

如图6-2所示，以机组中心线为界，将厂房的上、下部宽度分为上部上游侧宽度 B_1、上部下游侧宽度 B_2、下部上游侧宽度 B_3、下部下游侧宽度 B_4。则厂房上、下部宽度为：

$$B_{上}=B_1+B_2 \tag{6-2}$$

$$B_{下}=B_3+B_4 \tag{6-3}$$

在确定 $B_{上}$ 和 $B_{下}$ 时，应分别考虑发电机层、水轮机层和蜗壳层的布置要求。

发电机层中，首先决定吊运转子（带轴）的方式，即是由上游侧吊运还是由下游侧吊运。若由下游侧吊运，则厂房下游侧宽度主要根据吊运转子宽度决定。若从上游侧吊运，则上游侧较宽。此外，发电机层交通应畅通无阻。一般主要通道宽度为2～3m，次要通道宽度为1～2m。在机旁盘前还应留有1m宽的工作场地，盘后应有0.8～1m宽的检修场地，以便于运行人员操作。

水轮机层中，一般在上、下游侧分别布置水轮机辅助设备（即油、水、气管道等）和发电机辅助设备（电流电压互感器、电缆等）。以这些设备布置后不影响水轮机层交通来确定水轮机层的宽度。

蜗壳层宽度一般由设置的检查廊道、进人孔等确定。要保证蜗壳的尾水管进人孔交通通畅，集水井水泵房设置应有足够的位置，以此确定蜗壳层平面宽度。

当宽度基本确定后，要用尺寸相近的吊车标准宽度 L_k 验证，厂房宽度必须满足吊车安装的要求。

一般在高水头电站中，常由发电机层布置要求确定厂房宽度；而在低水头电站中，常由下部块体结构确定厂房宽度。

三、主厂房的高度及各层高程的确定

水电站的厂房的各层高程中，起基准作用的高程是水轮机的安装高程。水轮机的安装高程确定以后，其他高程就可以逐个确定下来。

（一）水轮机的安装高程 $\nabla_{安}$

水轮机的安装高程是一个基准高程（控制性高程），与水轮机的型式、允许吸出高度和电站下游尾水位等有关。其计算公式为

$$\nabla_{安}=\nabla_W+H_s+X \tag{6-4}$$

$$H_s=10-(\sigma+\nabla\sigma)H-\frac{\nabla}{900} \tag{6-5}$$

式中　$\nabla_{安}$——水轮机安装高程，m；

∇_W——水电站正常运行时可能出现的最低下游水位，m，一般取一台机组流量相应的尾水位；

H_s——水轮机允许吸出高度，m；

σ——气蚀系数，根据水轮机特性曲线确定；

$\Delta\sigma$——气蚀系数的修正值，可由水轮机厂家提供；

H——计算水头，m；

∇——水电站厂房所在地的高程，m；

X——水轮机压力最低点与安装高程之间的高差，与水轮机的型式有关，对混流式

水轮机 $X=b_0/2$，对轴流式水轮机 $X=(0.36\sim0.41)D_1$。

水轮机的安装高程确定以后，就可以依据结构和设备的布置要求确定各层高程了。

（二）主厂房基础开挖高程$\nabla_{下}$

从水轮机安装高程$\nabla_{安}$向下减去尾水管的尺寸（h_2+h_3），再减去尾水管地板混凝土厚度 h_1（根据地基性质和尾水管结构型式而定），就得到厂房基础开挖高程$\nabla_{下}$。可用下式表示：

$$\nabla_{下}=\nabla_{安}-(h_3+h_2+h_1) \tag{6-6}$$

（三）水轮机层地面高程∇_1

水轮机层设计的原则是要确保蜗壳顶部混凝土的强度，因此要求蜗壳顶部混凝土要有足够的厚度，一般不低于 1.0m。从水轮机安装高程$\nabla_{安}$向上加上蜗壳进口半径和蜗壳顶部混凝土层厚度 h_4，可得水轮机层地面高程。金属蜗壳的保护层一般不少于 1.0m。混凝土蜗壳顶板厚度根据结构计算确定，或根据国内外已建电站的经验采用，然后在结构设计时进行复核。

水轮机层地面高程一般取 100mm 的整倍数。可用下式表示：

$$\nabla_1=\nabla_{安}+h_4 \tag{6-7}$$

（四）发电机定子装置高程∇_G

水轮机层地面高程加上发电机机墩进人孔高度 h_5（一般取 1.8～2.0m）和进人孔顶部厚度 h_6（由混凝土强度要求决定，一般为 1.0m 左右），就可得发电机定子装置高程。可用下式表示：

$$\nabla_G=\nabla_1+h_5+h_6 \tag{6-8}$$

式中，h_5 还须满足水轮机层辅助设备（油、气、水管道）和发电机出线布置要求。

（五）发电机层楼板高程∇_2

发电机层楼板高程除应满足发电机层布置要求外，还应考虑水轮机层设备布置及母线电缆的敷设和下游尾水位的影响。一般情况下，发电机层楼板高程∇_2应满足下列条件：

（1）保证水轮机层的净高不少于 3.5～4.0m，否则发电机出线和油、气、水管道布置困难。如果发电机层楼板与水轮机层地面之间加设出线层，则出线层底面到水轮机层地面净高也不宜小于 3.5m。

（2）保证下游设计洪水不淹厂房。一般情况下，发电机层楼板和装配场楼板高程齐平。大中型水电站厂房总是希望将发电机层楼板设在下游设计洪水位以上 0.5～1.0m（由厂房等级而定）。

上述条件并不是在任何情况下均必须满足的。有时河流洪水期与枯水期水位相差悬殊，山区河流尤其如此，因而在这种情况下将发电机层楼板设在下游设计洪水位以上是不经济的。这样不仅会增加厂房下部结构部分的混凝土工程量，而且机组主轴增长，既增加金属的消耗，又对机组运行稳定性带来不利影响。这时，可将发电机层楼板高程布置在下游设计洪水位以下，但必须采取相应的措施：①在厂房大门和对外的交通口上，设置临时性挡板以挡洪水；②窗台下的墙体采用混凝土防渗，沿进厂的交通道路设防水墙；③使装配场楼板高出发电机层楼板并高于洪水位。

（六）起重机（吊车）的安装高程∇_C

起重机的安装高程是指吊车轨顶高程，它是确定主厂房上部结构高度的重要因素。它取决于下列要求：机组拆卸检修起吊最大和最长部件（往往是发电机转子带轴或水轮机转轮带轴）时，与固定的机组、设备、墙柱、地面之间保持水平净距0.3m，垂直净距0.6～1.0m（如采用刚性夹具，垂直净距可减小为0.25～0.5m），以免由于挂索松弛或吊件摆动而碰坏设备或墙柱；在装配场检修变压器时，还需满足吊起变压器铁芯所需要的高度。可用下式表示：

$$\nabla_C=\nabla_2+h_7+h_8+h_9+h_{10}+h_{11} \tag{6-9}$$

式中　h_7——发电机定子高度和上机架高度之和（如果发电机定子为埋入式布置，h_7 就仅为上机架高度）；

h_8——吊运部件与固定的机组或设备间的垂直净距；

h_9——最大吊运部件的高度；

h_{10}——吊运部件与吊钩间的距离（一般为1.0～1.5m），取决于发电机的起吊方式和挂索、卡具的类型，如图6-9所示；

h_{11}——主钩最高位置（上极限位置）至轨顶面距离，可从起重机主要参数表查取。

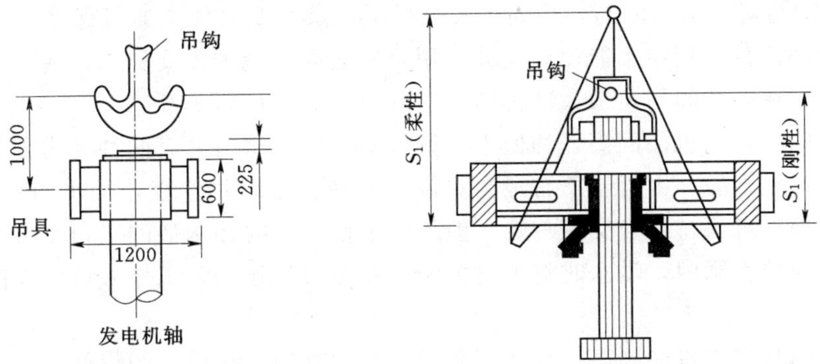

图6-9　发电机起吊方式和挂索、卡具（单位：mm）

图6-9中 h_{12} 为起重机轨顶至小车顶面的净空尺寸，可以从起重机主要参数表查出；而 h_{13} 为小车顶与屋面大梁或天花板之间的净距。当采用肋形结构或屋架时，$h_{13}=0.2\sim0.3$m，小车可在两根屋架间或两根大梁间进行检修；当采用整片屋面厚板时，可在装配场上方留出小车检修用的空间或在厂顶预留吊孔，而不必过多地抬高厂房的高度。

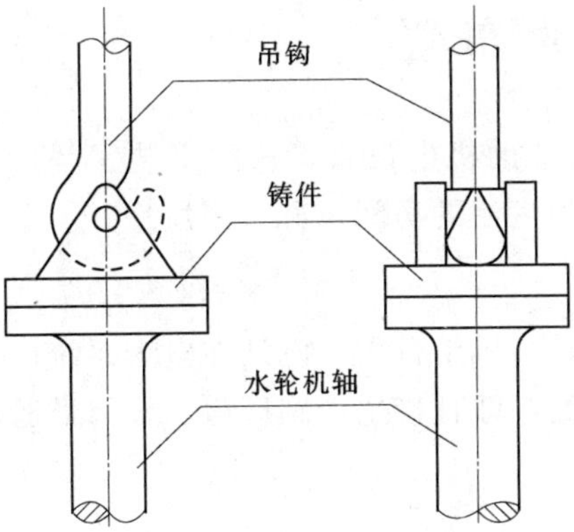

图6-10　平衡梁连接构件

大型水电站机组台数较多，为了降低主厂房的高度，同时为避免只设置一台吊车而使起重量太大，常设两台吊车来吊装发电机和水轮机。这时，用平衡梁做连接构件，如图6-10所示。

因此，除吊装部件外，还需考虑平衡梁的质量，通常约增加质量的10%，当两台吊车联合运行时，水轮机轴用法兰连接下平衡梁上，而发电机转子轴可穿过平衡梁孔，用固定装置连接在平衡梁上。装有两台吊车的水电站厂房可以降低轨顶高程，但在厂房纵轴方向需要加长几米。

（七）屋顶高程∇_R

屋顶高程根据屋顶结构尺寸和型式确定，并应满足起重机部件安装和检修、厂房吊顶和照明设施布置等方面的要求。

吊车轨顶高程确定以后，就可由已知的轨顶至吊车上小车顶面的净距h_{12}，检修吊车需要在小车上方留有的净距h_{13}（一般取0.5m），以及屋面大梁的高度、屋面板厚度、屋面保温防水层的厚度等确定屋顶高程∇_R。

（八）安装间的楼板高程

安装间的高程主要取决于对外道路的高程及发电机层楼板的高程。安装间最好与对外道路同高，均高于下游最高水位，以保持洪水期间对外交通畅通无阻。安装间最好也与发电机层同高，以充分利用场地，方便安装检修。

当水电站下游尾水过高时，发电机层楼板常低于下游最高尾水位，从而也低于对外道路，这时可以有以下几种方案：

(1) 安装间与对外道路同高，均高于发电机层，洪水期对外交通可保持通畅，但安装间与发电机层相邻部分的场地不能加以充分利用，安装间可能因此要稍加长些，同时桥吊的安装高程将取决于在安装间吊运最大部件的要求，整个主厂房将加高。

(2) 安装间与发电机层同高，均低于下游最高水位。这时又有两种处理方式：一是对外道路在靠近厂房处下坡，由低于下游最高水位处起在路边筑挡水墙，挡水墙一直接主厂房。这种方式的好处是可保持对外交通舒畅，但下游水位很高时挡水墙的工程量将太大；二是将主厂房大门做成挡水闸门，洪水时将大门关闭，断绝对外运输，工作人员可以由高处的通道进入厂房。

(3) 安装间与发电机层同高，且在安装间上专门划出一块停车卸货处，此停车处高于安装间而与对外道路同高。这时安装间场地不能充分利用，而厂房的高度可能取决于卸货的要求。

任务4 掌握副厂房的布置

为了保证机组正常运行，在主厂房近旁布置着各种辅助机电设备，这种安装了辅助机电设备的房间以及供控制、试验、管理和运行人员工作和生活的房间，称为副厂房。

一、副厂房的组成

副厂房的组成、面积和内部布置取决于电站装机容量、机组台数、电站在电力系统中的作用等因素。大中型水电站的副厂房，按性质可分为三类，即直接生产副厂房、检修试验副厂房和管理生活副厂房，其参考面积见表6-1。

二、副厂房的位置

副厂房的位置应紧靠主厂房，基本上布置在主厂房的上游侧、下游侧和端部，可集中在一处，也可分两处布置。

（一）副厂房设在主厂房的上游侧

这种布置方式的优点是布置紧凑，电缆短，监视机组方便，主厂房下游侧采光通风条件良好；缺点是电气设备线路与进水系统设备互相交叉干扰，引水道可能要增长。其适用于引水式、坝后式水电站，坝后式水电站副厂房主要是利用厂坝之间的空间。

表 6-1　大中型水电站副厂房所需面积

副厂房名称	面积/m^2	副厂房名称	面积/m^2
一、直接生产副厂房			
中央控制室，电缆室	按需要确定	电工修理间	20～40
继电保护盘室	按需要确定	机械修理间	40～60
厂用动力盘室	按需要确定	工具间	15
蓄电池室	40～50	仓库（器材）	10～25
储酸室和套间	10～15	油处理室	按需要确定
充电机室	15～20	油化验室	10～20
蓄电池室的通风机室	15～20	三、管理生活副厂房	
直流盘室	15～20	交接班室	20～25
载波电话室	20～50	保安工具室	5～10
油、水、气系统	按需要确定	办公室	每间 15～20
厂用变压器室	按需要确定	会议室	15～20
二、检修试验副厂房		浴室	按需要确定
测量表计试验室	30～50	夜班休息室	按需要确定
精密仪表修理室	15～25	仓库（生活用品，可不设）	15
仪表室	10～15	警卫室	10
高压试验室	20～40	厕所	按标准确定

（二）副厂房设在主厂房的下游侧

其优点是电气设备的线路集中在下游侧，与水轮机进水设备互不交叉干扰，监视机组方便；缺点是主厂房的通风和采光受到影响，且由于发电机引出母线和变压器布置在主厂房的下游侧，引水管的振动影响较严重，容易引起电气设备的误操作。另外，副厂房布置在下游侧需延长泄水管的长度，相应增加厂房下部结构尺寸和工程量，电气出线较复杂。这种布置方式适用于河床式水电站，如葛洲坝、富春江水电站。

（三）副厂房设在主厂房靠对外交通的一端

其优点是主、副厂房的总宽度较小，采光通风良好，给运行人员创造了良好的工作条件，能适应电站分期建设、分期发电的要求，运行与机电设备安装干扰小，可减轻机组噪声对中央控制室的影响；缺点是母线与电缆线路较长，投资加大，当机组台数较多时，监视、维护距离较长。这种布置方式适用于引水式水电站。

三、副厂房平面布置设计的原则和要求

（一）中央控制室（简称中控室）

中控室是整个水电站发电、配电、变电等设备以及水位、流量等集中控制和集中监视的地方，是电站的神经中枢。中控室一般布置控制盘、直流盘、继电保护盘和信号盘、厂用盘、自动调频盘等。中控室的位置要便于电站的控制、监视并迅速消除故障，电缆长度尽量短，一般布置在发电机层的中部。中控室不宜布置在主变压器场的下层或尾水平台上，因为出现的噪声和振动将会影响继电保护设备的整定值，并使值班人员过度疲劳和注意力分散。

中控室要求宽敞明亮、干燥舒适、安静，具有良好的工作环境。最好采用玻璃隔声墙与外界隔开，这样既便于观察，又可收到隔声效果。此外，还要求室内通风良好，光线均匀柔和，无噪声干扰，室内温度、湿度适当，避免阳光直射仪表盘面，并设有防晒的隔声遮阳措施，以保证仪表的灵敏度和准确性。

中控室面积根据电站规模、性质和对电站的要求而定，一般为60～100m²。室内净高一般为4～5m。

（二）电缆夹层

电缆夹层布置在中控室和继电保护盘的下层，面积等于或稍大于中控室。室内只有电缆和电缆吊架，布置简单，室内净高一般为2～3m，以工作人员能站立工作为宜。该层汇集来自主厂房和变电站的各种操作电缆，然后通往中控室的控制盘、操作盘。电缆夹层安全出口不少于两个，并应做好防潮设计。

（三）继电保护盘室

继电保护盘常布置在中控室附近。当开关站距主厂房距离较远，尤其是在高程相差很大的情况下，可将输电线路继电保护盘室布置在开关站。

（四）发电机电压配电装置室（低压开关室）

低压开关室主要用来布置发电机电压母线和发电机电压断路器等设备，通常这些设备成套地集成于一个金属柜中，称为开关柜。这些开关柜布置在一个高度为4～5m、宽度为6～8m的房间中。低压开关室布置在主变压器与发电机之间、与发电机层同高程的副厂房内。

低压开关室一般不设窗户，要满足通风、防潮、防火、防爆的要求。低压开关室长度超过7m时，必须两端设出口；出口门朝外开，两个出口距离不宜超过30m。低压开关室不宜布置在浴室或者厕所下面，耐火等级不宜低于2级。采用自然通风，当不能满足温度要求或发生事故排烟困难时，可考虑增设机械通风装置。

（五）通信室及远动装置室

当输电电压在110kV以上时，为了便于电站与系统调度中心联系，由系统调度中心指挥电站运行，专设载波电话通信室、自动电话交换室、微波或其他无线电通信室和远动装置室等。这些房间要与中控室毗邻且处于同一高程，室内最小高度为3.2～3.5m。要求防尘防震，避免过大的噪声，不应与蓄电池室或强电设备相邻。微波或其他无线通信室，应在其屋顶或附近设无线或微波发射塔。

（六）直流设备室

直流设备室包括蓄电池室、储酸室、充电机室、通风机室及套间等。这些房间作为整套布置在一起，一般布置在副厂房的一端，并靠近用电设备，以缩短直流配电盘的电缆长度。其不允许布置在中控室、配电装置室（开关室）和通信室的上方，以免酸性残液渗到下面房间。

蓄电池室向厂房内电气设备提供直流电源，并作为备用电源。室内采用人工照明，不设窗户，避免硫酸气产生的氢气在阳光直晒下引起爆炸。门窗、墙壁、顶棚、蓄电池台架和调配池均应用耐酸材料铺设，地面和墙裙用白色瓷砖铺设（缝中填耐酸砂浆）或采用耐酸性沥青地面，并有适当的排水坡度。

储酸室储存电池所用的酸类，应尽量靠近蓄电池室。为了防止酸气外溢，室内一般用套间与其他房间分开，墙壁要较厚，地板、墙壁、顶棚要考虑耐酸问题。

通风机室和套间的作用是排除有害气体，防止有害气体扩散，应采用单独的通风系统。

充电机室是向蓄电池充电的，最好布置在与蓄电池室毗邻的房间内。

（七）厂用电设备

厂用变压器可布置在厂外主变压器旁。如厂内有空间，也可布置在厂内，尽可能靠近低压开关室，以缩短连接母线的长度。每台厂用变压器应布置在防火、防爆的单独小间，并与水轮机层同高，且设专门走廊。厂用变压器一般就地检修，门朝外开，地面有2%坡度倾向集油槽（如果是干式变压器，地面可不设坡度）。

厂用高压成套开关柜通常布置在水轮机层母线室附近，不宜布置在发电机层或距中控室太近。厂房低压配电装置又称动力盘，一般应集中布置在单独房间内。

（八）电缆、母线廊道、母线室或母线竖井

发电机与主变压器之间的母线，一般要经过母线廊道、母线室或母线竖井引到主变压器。其布置要满足安装、维修的要求。发电机母线廊道宜布置在发电机出线方向的一侧，并靠近主变压器和厂用变压器，其面积和层高取决于母线的数量和带电安全距离的要求。母线竖井应设有巡视、检修用的电梯和楼梯，每隔4～5m设维修平台，平台和楼梯宽度均不宜小于0.8m。

（九）各种试验室和车间

电气试验室的试验对象是二次回路的设备和500V以下的电气设备，最好布置在中控室附近。电气试验室要求采取调风、防尘和防潮措施，不宜布置在尾水管上部。

高压试验室的试验对象是3kV以上的电气设备，这些设备一般比较笨重，搬运不便，因此高压试验室应布置在与发电机同高程的安装间附近或副厂房内。

电工修理间和电器工具间应布置在靠近发电机层的交通方便处。机械修理间可单独布置在厂外，尽量靠近厂房。

（十）办公室及生活用房

值班室和调度室一般与中控室邻近，要求与主厂房联系快捷方便。行政办公室及生活用房可设在厂外单独房间内，要求布置在较安静的地方。

副厂房可采用两层或两层以上的砖混结构，根据副厂房各层的平面布置要求，协调上下层关系，定出副厂房的长度和宽度。根据工程经验，副厂房的宽度一般为6～9m。

副厂房的面积和内部各房间布置应根据机电布置、维修、试验及管理需要，结合厂房具体条件综合考虑确定。

任务5　了解厂房的采光、通风、防潮及交通

水电站厂房必须妥善考虑采光、通风、取暖、防潮、防火、保安、交通运输等问题，以确保水电站的正常运行，并给运行人员提供良好的工作环境。

一、采光

地面厂房应尽可能采用自然采光，布置主、副厂房时要考虑开窗的要求。主厂房自然采光主要靠厂房两侧的大窗，吊车梁以上的窗户主要起通风的作用。大窗开在构架柱之间的墙上，为长形独立窗。窗宽度不要太小，否则照明就不均匀。窗的高度一般不小于房间进深的1/4。窗下槛在发电机层楼板以上不宜超过1～2m，以保证窗户附近有足够的光线，并便于通风。

夜间及地下式、坝内式、溢流式厂房或地面厂房水下部分的房间，要设计人工照明。人工照明分为工作照明、事故照明（当交流电源中断时自动投入的直流电照明）、安全照明（设有防触电措施或采用36V及以下电压的照明）、检修照明及警卫照明。中控室及主机房

内的照明不能使仪表盘面上产生反光，以保证运行人员能清晰地观察仪表。

二、通风

地面厂房应尽量采用自然通风。当自然通风达不到要求，或当下游水位过高而不能有效地采用自然通风，或在产生过多热量的房间（如变压器室、配电装置室等），或在产生有害气体的房间（如蓄电池室、油处理室等），才装设人工通风装置。

主、副厂房的通风量应根据设备的发热量、散湿量和送排风参数等因素确定。要合理安排进、出风口的位置，以达到最佳的通风效果。水轮机层、水泵机室、蝶阀室等厂内潮湿部位采用以排湿为主的通风方式；对于产生有害气体的房间，要设置专用的排风系统，以免有害气体深入其他房间。人工通风系统的进风口要设在排风口上风，低于排风口但高于室外地面 2m 以上，要考虑防虫及防灰尘的措施。主通风机室的位置除满足通风系统气流组织的合理性外，还应远离中控室、载波机室等安静场所，以免噪声干扰。

当人工通风仍不能满足厂内温度、湿度要求时，可采用局部或全部的空气调节装置。空气调节装置的冷源应尽量采用天然低温水或其他天然冷源。无条件时，经过技术经济论证可局部或全部采用机械制冷设备。

三、取暖

冬天厂房内的温度不能过低，以保证机电设备的正常运行。冬季水电站若正常发电，发电机层、出线层、水轮机层、母线廊道等处靠机电设备发出的热量即可维持必需的温度。热量不足以维持必需温度的房间，可用电辐射取暖或电热取暖，中控室可装设空气调节器，以便冬天取暖、夏季降温。

四、防潮

地面厂房水下部分的房间要注意防潮，坝内及地下厂房的防潮问题更为突出，过分潮湿能造成电气设备的短路、误动作或失灵，可能使机械设备加速锈蚀，运行人员工作条件恶化。防潮的措施不外乎以下四项：

（1）防潮防漏。外墙混凝土要满足抗渗要求，必要时可设防潮夹层；要减少滴水，伸缩缝及沉降缝处要设止水；冷却水管、混凝土墙及岩石表面如有结露滴水，则要用绝缘材料包扎。

（2）加强排水。已渗漏进厂房或防潮夹层的水要迅速排除，不能让其积存。

（3）加强通风。防潮部位宜采用以排湿为主的通风方式，减小空气中的湿度。

（4）局部烘烤。以电炉或红外线烘烤，防止设备受潮。

五、厂内交通

厂房对外开设有大门，以便运输大部件，大门尺寸很大，可采用旁推门、上卷门或活动钢门。为了保持厂房内部的清洁、干燥与温度，不运输大部件时大门应关闭。安排各种房门部位时要考虑防火要求，安全出口的门净宽不小于 0.8m，门向外开。某些可产生负压的房间，如闸门室，门最好向里开，以便出现负压时门可自动打开。

主厂房内各层及副厂房布置机电设备的房间内都要有通道，以便运输设备和进行安装，供工作人员通行。发电机层及水轮机层常设贯穿全场的水平通道，通道一般宽 1～2m。为了吊运各种设备，要布置相应的吊物孔。

主、副厂房不同高程的各层之间可设斜坡道、楼梯、攀梯、转梯或电梯。斜坡道坡度在

20°以下，一般以12°为宜。楼梯的坡度为20°～46°，以34°为宜。单人楼梯宽0.9m，双人楼梯宽1.2～1.4m。每台机组最好有专用楼梯，至少每两台机组要设一道楼梯，并且全厂应不少于两道。楼梯设置要能使运行人员巡视方便，并要保证发生事故时迅速到达现场。只供少数人员偶然使用的楼梯可做成钢攀梯，坡度常在60°～90°，宽0.7m。转梯可节省空间，适用于不经常上下的地方。电梯用于厂房高度较大或各层间高差太大时。

任务6　掌握厂区布置

厂区布置是指水电站的主厂房、副厂房、主变压器场、高压开关站、引水道、尾水道及厂区交通道路的相互位置的安排。进行厂区布置时，要综合考虑水电站枢纽总体布置、地形地质条件、水轮发电机组尾水出流顺畅、运行管理、环境设计等各方面的因素，根据具体情况，拟定出合理的布置方案。

一、主厂房

主厂房是厂区布置的核心，对厂区布置起决定性作用。其位置的选择在水利工程枢纽总体布置中进行，除注意厂区各部分的协调配合外，还应该考虑下列因素：

（1）尽量减小压力水管的长度。对于坝后式水电站，主厂房应尽量靠近拦河坝；对于引水式水电站，主厂房应尽量靠近压力前池或调压室。

（2）尾水渠尽量远离溢洪道或泄洪洞出口，防止水位波动对机组运行不利。尾水渠与下游河道衔接要平顺。

（3）主厂房的地基条件要好，对外交通和出线方便，并不受施工导流干扰。

二、副厂房

副厂房可选的位置：

（1）主厂房的上游侧。适用于坝后式水电站。如用于引水式水电站，可能导致开挖量增加，且通风采光不好。这种布置运行管理比较方便，电缆短，造价经济。

（2）尾水管顶板上。这种布置影响主厂房的通风、采光，需加长尾水管，从而增加工程量。由于尾水管在机组运行时振动较大，其顶板上不宜布置中控室及继电保护设备。

（3）主厂房的两端。当机组台数多时，这种布置会增加母线及电缆的长度。

三、主变压器

（一）主变压器场的布置原则

主变压器场一般露天布置，布置原则如下：

（1）尽量靠近厂房，以缩短昂贵的发电机电压母线长度，减小电能损失和故障机会，并满足防火、防爆、防雷、防水雾和通风冷却的要求，安全可靠。

（2）尽量与安装间在同一高程上，便于利用轨道将主变压器推进厂房的安装间进行检修。

（3）应保证变压器的运输和高压侧出线的方便，变压器之间要留必要的空间。

（4）高程应高于下游最高防洪水位，且四周设置排水沟。

（二）升压变压器可能布置的位置

（1）对于坝后式厂房，可以利用厂坝之间的空间布置升压变压器。

（2）对于河床式厂房，尾水管较长，升压变压器可布置在尾水平台上。这时尾水平台的宽度，应使升压变压器在检修移出时符合最小安全净距的要求（详见电气设备相关规范）。

（3）对于引水式地面厂房，升压变压器可能布置的位置是厂房的一端进场公路旁、尾水渠旁、厂房上游侧或尾水平台上。引水式地面厂房一般靠山布置，厂房上游侧场地狭窄，若布置变压器需增加土石开挖量，且通风散热条件差；变压器布置在尾水平台上需增大尾水管长度。所以，这两种布置一般较少采用。

（4）由于受地形和场地的限制，个别水电站有可能将主变压器布置在厂房顶上，地下厂房的主变压器可布置在地下洞室内。

四、高压开关站

高压开关站用于布置各种高压配电和保护设备，如电缆、母线、各种互感器、各种开关继电保护装置、防雷保护装置、输电线路以及杆塔构架等。这些设备的规格、数量、布置方式和需要的场地面积，是根据电气主接线图、主变压器的位置、地形地质条件及运行要求而确定的。其布置原则为：

（1）要求高压进出线及低压控制电缆安排方便而且短，出线要避免交叉跨越水跃区、挑流区等。

（2）地基及边坡要稳定。

（3）场地布置整齐、清晰、紧凑，便于设备运输、维护、巡视和检修。

（4）土建结构经济合理，符合防火保安要求。

高压开关站一般露天布置。应尽量靠近主变压器和中央控制室，且在同一高程上，但由于地形限制，往往有一高程差。通常布置在附近山坡上，也有布置在主厂房顶上的。当地形较陡时，可布置成阶梯式和高架式，以减少挖方。当高压出线不止一个等级时，可分设两个或多个开关站。

五、引水道、尾水渠、对外交通及厂区防洪排水

引水道一般为正向引进，尽可能保证进、出水流平顺。当水管直径很小且根数较少时，也可侧向引水。

水电站的尾水渠一般为明渠，正向将尾水导入下游河道，少数情况下也可侧向导入下游河道。水轮机的安装高程较低，为与天然河道相接，尾水渠常为倒坡。尾水管出口水流紊乱，流速分布不均匀，需设衬砌加以保护。布置尾水渠时要考虑泄洪的影响，避免泄洪时在尾水渠中形成较大的壅高和漩涡，避免出现淤积。必要时要加设导墙，将电站尾水与泄洪分开，减少电站尾水波动而影响水电站的出力。

对外交通一般为公路，也有采用铁路和水路的。引水式厂房一般沿河岸布置，进厂公路可沿等高线从厂房一端进入厂房。坝式电站进厂公路一般从下游侧进入。

公路、铁路要直接通入主厂房的安装间，临近厂房一段应是水平的，长度不小于20m，并有通车场地。公路的坡度不宜大于10%～12%，转弯半径应大于20m。

对于布置沿等高线进厂交通有困难的水电站厂房，或尾水位陡涨陡落、洪峰历时较短的厂房，经论证，其进厂交通线也可低于非常运用洪水位，此时厂房应满足防洪要求（采用尾水挡墙或防洪堤），同时另设非常运用洪水位时不受阻断的人行通道。

主、副厂房周围应采取有效的排水和保护措施，以防山洪、暴雨的侵袭。整个厂区可利

用路边沟、雨水明暗沟等构成排水系统，以迅速排除地面雨水。位于洪水位以下的厂区，在低处修建集水井，并设置机械排水装置。图 6-11 为水电站厂区布置方案示意图。

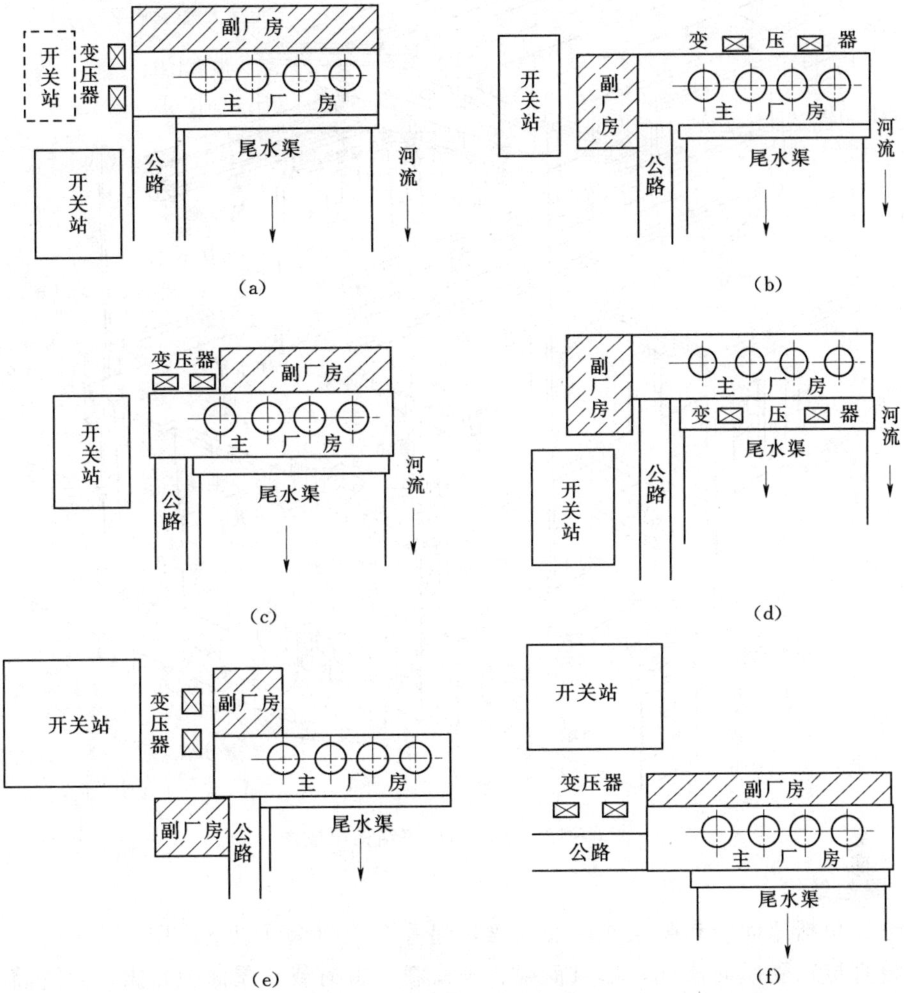

图 6-11　水电站厂区布置方案示意图

任务 7　了解水电站厂房的结构特点

一、水电站厂房的结构组成及作用

水电站地面厂房结构可分为上部结构和下部结构两大部分。上部结构包括屋面系统、构架、吊车梁、维护结构（外墙）及楼板，基本上属板、梁、柱系统，通常为钢筋混凝土结构。上部结构设计方法与一般工业建筑相同。下部结构主要由机座、蜗壳、尾水管、基础板和外墙组成，为大体积钢筋混凝土结构，其结构设计比较复杂，要符合《水工混凝土结构设计规范》(SL 191—2008)。

水电站厂房结构组成如图 6-12 所示，各组成构件的作用如下。

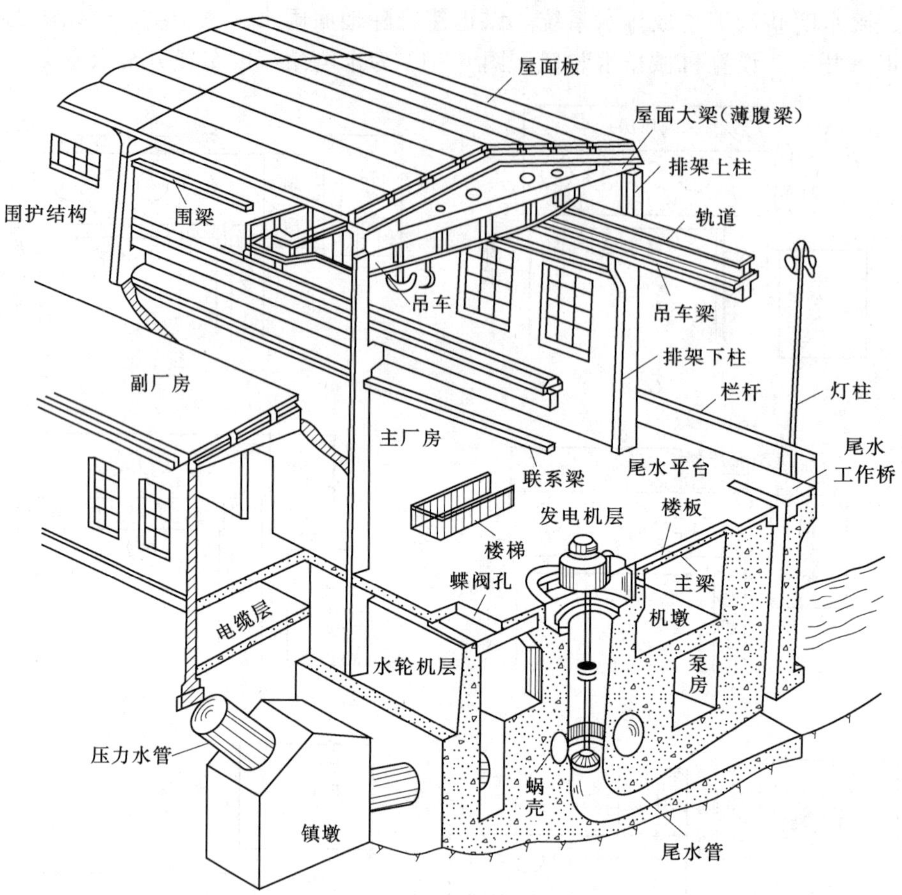

图6-12 水电站厂房结构组成图

(一) 屋盖结构

屋盖结构包括屋面板和屋架或屋面大梁，起着围护和承重双重作用。

屋面板直接承受屋面荷载，如风荷载、雨荷载、雪荷载和屋面板自重等，并将它们传给屋架或屋面大梁。

屋架或屋面大梁承受屋面上的全部荷载（包括风荷戟、雨荷载、雪荷载和屋面板自重等）以及屋架或屋面大梁自重，并将其传到排架柱或壁柱。

(二) 吊车梁

承受吊车荷载（包括起吊部件在厂房内部运行时的移动集中垂直荷载）以及吊车在起吊部件时，启动或制动时产生的纵、横向水平荷载，并将它们传给排架柱或壁柱。

(三) 排架柱或壁柱

承受屋架或屋面大梁、吊车梁、外墙传来的荷载和排架柱或壁柱自重，并将它们传给厂房下部结构。如果排架柱与屋面大梁刚接，称为钢架，其荷载包括屋盖上的全部荷载，作用同排架柱。

(四) 发电机层楼板和安装间楼板

发电机层楼板承受着自重、机电设备静荷载和人的活荷载，将其传给梁并部分传到厂房下部的发电机座和水轮机层的排架柱。安装间楼板承受自重、检修或安装时的机组荷载和活荷载，并把它们传到基础，当安装间设有下层时就传给排架柱。

（五）围护结构

（1）外墙。承受风荷载，并将它们传给排架柱或壁柱。

（2）抗风柱。承受厂房两端山墙传来的风荷载，并将它们传给屋架或屋面大梁以及基础或厂房下部的大体积混凝土块体。

（3）圈梁和联系梁。承受上砖墙传下的荷载和自重，并传给排架柱或壁柱。

（六）发电机机座

承受从发电机层楼板传来的荷载、水轮发电机组等设备的重量、水轮机轴向水压力和机座自重，并将它们传给座环和蜗壳外围混凝土。

（七）蜗壳和水轮机座环（固定导叶）

将机座传下来的荷载通过座环传到尾水管上，另外，水轮机层的设备重量和活荷载通过蜗壳顶板传到尾水管。

（八）尾水管

承受水轮机座环和蜗壳顶板传来的荷载，经尾水管框架结构（由尾水管顶板、闸墩、边墩和底板构成）再传到基础上。

二、厂房混凝土浇筑的分期和分块

（一）厂房混凝土浇筑的分期

为了适应水轮发电机组的安装要求，厂房中的结构式构件需要分期浇筑，称为一期和二期混凝土。一般在机组安装前浇筑的混凝土称为一期混凝土，在机组安装时才浇筑的混凝土称为二期混凝土。

一期混凝土包括底板、尾水管、尾水闸墩、尾水平台、混凝土蜗壳外的混凝土、上下游边墙、厂房构架、吊车梁、部分楼板等，这些构件在施工时先期浇筑，以便利用吊车进行机组安装。

二期混凝土是为了机组安装和埋件需要而预留的，要等到机组和有关设备到货，以及尾水管圆锥钢管和金属蜗壳安装完毕后，再进行浇筑。二期混凝土包括金属蜗壳外的部分混凝土、尾水管直锥段外包混凝土、机座、发电机风罩外壁、部分楼层的楼板等。

（二）混凝土分层、分块

水电站厂房水下部分属于大体积块体混凝土结构。其特点是现场浇筑量大，结构几何形状复杂，基础高差大，对裂缝要求严格。受混凝土浇筑能力的限制，为了适应厂房形状的变化，每期混凝土要分层分块浇筑。厂房一期、二期混凝土浇筑的分层、分块，视具体情况而定，一般原则如下：

（1）分层、分块必须保证机组安装方便。

（2）应分在构件内力最小部位。这常与施工的方便有矛盾，有时不易做到。

（3）分块的大小应与混凝土的生产能力、振捣工作强度及浇筑方法相适应。

（4）在保证质量的前提下，混凝土分块应尽量大些、高些，以加快施工进度。

（5）分块必须尽量使工作过程具有最大的重复性，以简化施工，最有效地利用机械设备。

三、厂房结构的分缝和止水

（一）分缝

水电站厂房为防止不均匀沉陷，减少下部结构受基础约束产生的温度和干缩应力，必须沿厂房长度方向设置伸缩缝和沉降缝。通常两缝合一，称为沉降伸缩缝。此种缝一般都贯通至地基，只在地基相当好时，伸缩缝才仅设在水上部分，但也需每隔数道伸缩缝设一道贯通地基的沉降伸缩缝。伸缩缝和沉降缝统称为永久缝。

根据施工条件设置的混凝土浇筑缝，称为施工缝，相对永久缝而言是一种临时缝。

基岩上大型厂房通常一台机组段设一条永久缝，中小型水电站可增至2～3台机组设一条永久缝。在安装间与主机房之间、主副厂房高低跨分界处，由于荷载悬殊，需设沉降缝。坝后式厂房的厂坝之间沿整个厂房的上游外侧设条贯通地基的纵缝。

永久缝的宽度一般为1～2cm，软基上可宽些，但不超过6cm。

（二）止水

厂房水上部分的永久缝中常填充一定弹性的防渗、防水材料，以防止在施工或运行中被泥沙或杂物填死和风雨对厂房内部的侵袭。

厂房水下部的永久缝应设置止水，以防止沿缝隙的渗漏。重要部位设两道止水，中间设沥青井。止水布置主要取决于厂房类型、结构特点、地基特性等，应采用可靠、耐久而经济的止水型式。

课后任务

1. 水电站厂房的任务、枢纽组成及功用是什么？厂房的类型有哪些？其特点是什么？
2. 水电站厂房内的设备分为哪几大系统？各包括哪些主要设备？
3. 发电机的类型、传力方式及支撑结构有哪几种？各有何优缺点？
4. 水电站厂房内主要有哪些辅助设备？这些设备的组成及布置原则是什么？
5. 厂房一般分几层？各层布置哪些主要设备？
6. 调速设备如何布置？对厂房尺寸有何影响？起重设备如何选择？
7. 安装间的作用是什么？其位置、高程及面积的确定要考虑哪些因素？
8. 主厂房的长、宽、高如何确定？
9. 副厂房的组成及作用及布置原则是什么？一些主要副厂房布置应考虑的因素和特殊要求有哪些（如中央控制室、配电室、直流电系统等）？
10. 厂房的通风、采光、防潮和防火是如何考虑的？
11. 水电站厂区枢纽包括哪些建筑物？这些建筑物的布置原则及相互位置应如何考虑？
12. 简述水电站厂房结构组成、受力和传力系统。
13. 厂房的一、二期混凝土如何划分？分缝、止水如何设置？
14. 简述水电站厂房整体稳定和地基应力的计算内容及计算方法。
15. 坝后式、溢流式、坝内式和河床式厂房的结构和布置特点是什么？
16. 地下厂房有哪些优缺点？其布置方式有几种？地下厂房有哪些特殊性？

参 考 文 献

[1] 国家统计局能源统计司．中国能源统计年鉴 2017［M］．北京：中国统计出版社，2018.

[2] 水利部水利水电规划设计总院，长江勘测规划设计研究有限责任公司. SL 252—2017 水利水电工程等级划分及洪水标准［S］. 北京：中国承利水电出版社，2017.

[3] 水电水利规划设计总院. SL 617—2013 水利水电工程项目建议书编制规程［S］．北京：中国水利水电出版社，2013.

[4] 水电水利规划设计总院. SL 618—2013 水利水电工程可行性研究报告编制规程［S］．北京：中国水利水电出版社，2013.

[5] 水电水利规划设计总院. SL 619—2013 水利水电工程初步设计报告编制规程［S］．北京：中国水利水电出版社，2013.

[6] 中水东北勘测设计有限责任公司．SL 744—2016 水工建筑物荷载设计规范［S］. 北京：中国水利水电出版社，2016.

[7] 水利水电规划设计总院. NB 35047—2015 水电工程水工建筑物抗震设计规范［S］．北京：中国电力出版社，2015.

[8] 中水东北勘测设计研究有限责任公司．SL 279—2016 水工隧洞设计规范［S］．北京：中国水利水电出版社，2016.

[9] 中国电建集团西北勘测设计研究院有限公司，武汉大学．NB/T 35056—2015 水电站压力钢管设计规范［S］．北京：中国电力出版社，2015.

[10] 水电水利规划设计总院. SL 266—2014 水电站厂房设计规范［S］．北京：中国水利水电出版社，2014.

[11] 马善定，汪如泽．水电站建筑物．2 版［M］．北京：中国水利水电出版社，2011.

[12] 刘启钊，胡明．水电站：第 4 卷［M］．北京：中国水利水电出版社，2010.

[13] 李前杰，龙建明．水电站［M］．郑州：黄河水利出版社，2011.

[14] 徐国宾．水电站［M］．北京：中国水利水电出版社，2012.

[15] 贾金生，纪进旭，李洪泉，等．高坝建设与运行管理的技术进展——中国大坝协会 2014 年学术年会论文集［C］．郑州：黄河水利出版社，2014.

[16] 北京勘测设计研究院．SL 205—2015 水电站引水渠道及前池设计规范［S］．北京：中国水利水电出版社，2015.